高精度静电悬浮加速度计地面检测技术

裴世勋 著

航空工业出版社

北京

内 容 提 要

本书全面系统地介绍了高精度静电悬浮加速度计的工作原理、地面检测方法及其关键技术，分析了静电悬浮加速度计地面测试中的噪声来源及地面测试噪声需求，指出了地面振动噪声这一主要噪声限制因素；深入地开展了基于倾斜补偿原理的隔振摆台研究，并开展了一系列的地面验证实验，包括隔振摆台的设计研制、环境因素的影响分析，以及静电悬浮加速度计与测试摆台的联合验证实验。系统地介绍了静电悬浮加速度计地面检测技术的最新研究成果。

本书内容新颖、语言精练，总结了作者及其所在研究团队近些年在高精度静电悬浮加速度计领域的研究成果及技术突破，打破了国外的技术封锁，具备了自主研制高精度静电悬浮加速度计的能力，研制产品成功地进行了多次空间在轨实验飞行，相关技术水平不断得到突破。本书可供从事静电悬浮加速度计研究领域的科研工作人员阅读，也可供相关专业的研究生参考。

图书在版编目（CIP）数据

高精度静电悬浮加速度计地面检测技术 / 裴世勋著
. -- 北京：航空工业出版社，2023.7
ISBN 978-7-5165-3145-7

Ⅰ.①高… Ⅱ.①裴… Ⅲ.①航空仪表-加速度传感器-检测-研究 ②航空仪表-惯性传感器-检测-研究
Ⅳ.①V241.6

中国版本图书馆 CIP 数据核字(2022)第 146020 号

高精度静电悬浮加速度计地面检测技术
Gaojingdu Jingdian Xuanfu Jiasuduji Dimian Jiance Jishu

航空工业出版社出版发行
（北京市朝阳区京顺路 5 号曙光大厦 C 座四层 100028）
发行部电话：010-85672675 010-85672678

北京好印来印刷科技有限公司印刷 全国各地新华书店经售
2023 年 7 月第 1 版 2023 年 7 月第 1 次印刷
开本：787×1092 1/16 字数：201 千字
印张：7.75 定价：36.00 元

前　言

静电悬浮加速度计在卫星重力测量、空间等效原理检验，以及空间引力波探测等空间科学研究项目中有着广泛的应用。静电悬浮加速度计是基于电容位移传感技术和静电反馈控制技术研制出来的，具有高分辨率、小量程及六自由度同时测量的特点。为了在地面验证加速度计的工作状态和性能指标，必须克服地面重力加速度的效应及包括地面振动在内的各种环境噪声的影响。高压悬浮方案是继悬丝悬挂和自由落体后开展的又一种地面测试方案，相比于其他方案，它可以满足加速度计六自由度同时测量的需求，适用于工程样机的检验。因此，高压悬浮地面研究方案在静电悬浮加速度计的地面研究中占有重要地位。

本书主要针对高精度静电悬浮加速度计地面研究中受限于地面环境噪声的问题，着重介绍了静电悬浮加速度计地面检测技术的相关研究。全书共分为8章，首先介绍了静电悬浮加速度计的基本原理，以及三种地面检测方法及相应的特点，指出了高压悬浮地面测试方案中，静电加速度计噪声水平直接受限于地面振动噪声，并对环境噪声进行了需求分析。其次介绍了基于平动—倾斜补偿原理的静电加速度计地面测试摆台，并对其进行了详细建模，分析了摆台上待测加速度计的位置因素对高频振动耦合噪声和扭转自由度耦合噪声的影响，并用实验初步验证了理论分析的正确性。最后，针对静电悬浮加速度计的地面测试需求，搭建了测试摆台，并开展了联合实验验证，有效地提高了静电悬浮加速度计的地面检测水平。本书的研究成果新颖，可供从事高精度静电悬浮加速度计研制及其地面性能指标验证等相关的科研和工程技术人员阅读，希望本书的内容对从事相关研究的科研人员有一些启发和帮助。

本书以静电悬浮加速度计地面检测技术的专业性、前沿性和可靠性为原则，根据作者多年从事静电悬浮加速度计地面检测技术的研究成果，并参考了国内外同领域学者专家的最新研究进展和相关文献撰写而成。本书研究成果得到了国家自然科学基金项目（11975105、11775085）、河南省科技攻关计划项目（222102210044、212102310430）、河南省高校重点科研项目（22B460025）等课题的支持，在此对以上项目的资助单位表示衷心的感谢！

在静电悬浮加速度计地面检测技术的研究和本书的撰写过程中，华中科技大学白彦铮教授、刘力副研究员，以及中国电子科技集团公司第二十六研究所胡爽工程师给予了指导和帮助，在此对提供帮助的各位老师表示诚挚的谢意！

由于本书涉及静电悬浮加速度计这类惯性传感器的各个领域，研究范围较广，限于作者的知识水平，书中难免存在不足之处，恳请广大读者批评指正！

作　者

2022年10月

目　　录

第 1 章　绪论 …………………………………………………………………… 1

1.1　静电悬浮加速度计的发展与应用 …………………………………………… 1
1.2　静电悬浮加速度计地面检测技术概况 ……………………………………… 8
1.3　本书主要内容 ……………………………………………………………… 15
参考文献 ………………………………………………………………………… 17

第 2 章　静电悬浮加速度计地面测试噪声来源及需求分析 ……………………… 23

2.1　静电悬浮加速度计的工作原理及噪声分析 ………………………………… 23
2.2　高压悬浮地面研究方案 ……………………………………………………… 26
2.3　噪声需求分析 ……………………………………………………………… 29
2.4　本章小结 …………………………………………………………………… 32
参考文献 ………………………………………………………………………… 33

第 3 章　加速度计地面测试中地面隔振理论建模与分析 ………………………… 34

3.1　悬丝悬挂方案对地面振动的抑制 …………………………………………… 34
3.2　高压悬浮测试摆台的隔振原理 ……………………………………………… 37
3.3　摆台运动模型的建立 ……………………………………………………… 39
3.4　摆台隔振性能分析 ………………………………………………………… 44
3.5　本章小结 …………………………………………………………………… 49
参考文献 ………………………………………………………………………… 50

第 4 章　隔振摆台的设计、研制与性能验证 …………………………………… 51

4.1　摆台的结构设计 …………………………………………………………… 51
4.2　摆台的搭建与机械热噪声估算 ……………………………………………… 57
4.3　摆台系统加速度噪声的初步测试 …………………………………………… 61
4.4　本章小结 …………………………………………………………………… 66
参考文献 ………………………………………………………………………… 68

第 5 章　隔振摆台的环境影响分析 ……………………………………………… 69

5.1　环境温度影响分析 ………………………………………………………… 69
5.2　空气扰动影响分析 ………………………………………………………… 75

5.3　设备线缆影响分析 …… 79
5.4　本章小结 …… 81
参考文献 …… 82

第6章　静电加速度计测试摆台系统的设计与研制 …… 83

6.1　摆台悬挂结构设计 …… 83
6.2　加速度计安装角度调节方案的设计与验证 …… 91
6.3　摆台的搭建与噪声测试 …… 97
6.4　本章小结 …… 99
参考文献 …… 100

第7章　静电悬浮加速度计与测试摆台的联合实验验证 …… 101

7.1　静电悬浮加速度计测试摆台联合实验 …… 101
7.2　局域优化后的加速度计摆台噪声测试结果 …… 108
7.3　本章小结 …… 111
参考文献 …… 112

第8章　静电悬浮加速度计地面检测技术总结与展望 …… 113

8.1　技术总结 …… 113
8.2　技术展望 …… 114
参考文献 …… 116

后记 …… 117

第1章 绪 论

随着科学技术的发展，各种精密测量的实验测量水平不断提高，对实验环境的要求也越来越苛刻。在各种环境扰动因素中，地球引力梯度和地脉动振动噪声是地面实验中不可避免的，其带来的噪声不可忽视。因此，人们将更高精度的实验方向瞄准在空间利用航天器来开展实验。利用航天器开展空间实验的优点是可以有效地避免地球引力和地脉动振动的影响，而且空间环境安静，不会受到人为及其他环境因素的干扰。空间实验俨然已经成为精密科学实验的主要途径之一。

高精度静电悬浮加速度计是卫星重力测量、等效原理检验，以及空间引力波探测的关键载荷之一，其主要功能是测量航天器所受到的非保守力或引力梯度信息[1-3]。欧美等国家目前已经成功发射了 CHAMP、GRACE、GOCE 等一系列地球重力测量卫星，以及用于空间引力波探测 LISA 计划关键技术验证的 LISA Pathfinder 卫星，LISA Pathfinder 卫星上搭载的静电悬浮加速度计的分辨率水平在不断提高[4-10]。国内已于 2000 年前后开始了静电悬浮加速度计的研制工作，在加速度计的结构设计、关键技术攻关、地面性能测试，以及产品工程化等方面均取得了重要突破，目前已多次圆满完成自主研制的静电悬浮加速度计样机的空间飞行任务。在加速度计的地面性能研究中，由于其设计分辨率已经远低于地面振动噪声水平，在地面性能测试中不可避免地受到地面振动噪声水平的限制，因此，进行地面振动隔离平台的研究是进一步提高静电悬浮加速度计地面性能测试水平的重要工作。

1.1 静电悬浮加速度计的发展与应用

应用电容位移传感技术和静电反馈控制技术的高精度静电悬浮加速度计具有精度高、体积小、能实现六个自由度同时测量等特点。自 20 世纪 90 年代以来，静电悬浮加速度计在卫星重力测量、等效原理检验，以及引力波探测等空间项目中作为重要载荷得到成功应用，其技术发展不断成熟，测量水平不断提高，俨然成为了空间科学任务的重要研究工具之一[11-14]。

1.1.1 卫星重力测量中的应用

地球重力场信息是地球科学的一种基础信息，如今对地球重力场的研究是一个热门的科学问题。一方面，地球重力场是地球的一个基本物理参数，它包含地球的物质分布和旋转运动信息；另一方面，随着科学技术的发展，地球重力场的分布及其时变特性对于空间科学、导航、地球物理学、大地测量学等的影响越来越深远，因此对地球重力场进行精确测量具有非常重要的意义[15-16]。

卫星重力测量可以高精度、高分辨率和高效率地得到全球的重力场信息，因此逐渐受到各国的重视。欧洲航天局（ESA）提出了 GOCE 计划卫星（Gravity field and steadystate Ocean Circulation Explore），其目的是地球重力场恢复。此计划于 1999 年正式启动，并于 2009 年 3 月 17 日在俄罗斯的 Plesetsk 卫星基地发射，如图 1-1 所示[17]。其轨道为近极圆的太阳同步轨道，高度约 250km，飞行覆盖全球一次的轨道周期 30~40 天，因此其测量主要为静态重力场测量。GOCE 采用 SGG 技术，即直接用星载重力梯度仪测量出低轨卫星处重力位的二阶导数，然后按边值问题反演出地球重力场。其主要目标是：

（1）提供高分辨率的静态重力场信息，重力场空间分辨率（半波长）达到 100km，即重力场模型球谐级数展开至 200 阶。

（2）大地水准面精度达到 1~2cm。

（3）利用重力梯度数据和卫卫跟踪数据以 1mGal 的精度恢复全球重力异常[18-21]。

图 1-1　GOCE 计划卫星

梯度仪是实现地球重力场恢复的重要仪器，GOCE 计划卫星中的三轴重力梯度仪是由三对高精度静电加速度计按照一定设计要求排列组成的，如图 1-2 所示，其设计精度要求 $6mE/Hz^{1/2}$，其中三对高精度静电加速度计是由法国 ONERA（Office National d'Etudes et de Recherches Aerospatiales）研制的 GRADIO 静电加速度计（见图 1-2），其设计分辨率达到 $2\times10^{-12}(m/s^2)/Hz^{1/2}$[22]。加速度计在卫星不同的飞行阶段有不同的运行模式，分别是捕获模式和科学模式。捕获模式是一种大量程位移检测工作模式，是在卫星还未达到预定轨道稳定运行之前，外部扰动较大，卫星姿态调整较为频繁，为了保证加速度计正常工作所采用的工作模式，但是该模式下加速度计无法达到最佳的分辨率。科学模式是进行科学测量时加速度计所采用的工作模式，该工作模式下加速度计可达到最佳分辨率，对外界较弱扰动力进行测量，此时量程较小，一般是在卫星平台稳定运行之后开启该工作模式，对地球重力场进行测量。

GRACE Follow-On 卫星（见图 1-3）是美国国家航空航天局（NASA）和德国地学中心（GFZ）联合研制的。GRACE Follow-On 是最初 GRACE 任务的继承者，该任务于 2002— 2017 年绕地球运行。GRACE Follow-On 将继续其前身极其成功的工作，同时测试旨在显著提高其测量系统已经非常出色的精度的新技术。该计划的两颗 GRACE Follow-On

(a) GRADIO静电加速度计

(b) GRADIO静电加速度计组装图

图 1-2 GOCE 计划卫星中静电加速度计及组装图

卫星于 2018 年 5 月 22 日发射，运行在高度约为 491.5km、倾角为 89°的近极地轨道上，同一轨道上相距约 220km[23-25]。为了得到高精度的卫星轨道和地球重力场模型，GRACE Follow-On 卫星搭载星载 GPS 接收机、高精度 K 波段测距系统（K-band ranging，KBR）、卫星激光测距系统（satellite laser ranging，SLR）、高精度静电加速度计（high precision electrostatic space accelerometer，HPESA）及其他器件。当这对卫星环绕地球时，重力稍强的区域（更大的质量集中）首先影响前导卫星，将其拉离尾随卫星。随着卫星的继续运行，尾随卫星经过重力异常时被拉向领先卫星，再利用 GRACE Follow-On 上极其精确的微波测距系统检测卫星之间距离的微小变化。高精度静电加速度计位于每颗卫星的质心处，用于测量非重力加速度，以便计算重力引起的加速度。卫星全球定位系统（GPS）接收器可确定卫星在地球上的准确位置，精确到 1cm 或更小。所有来自卫星的信息将用于构建地球平均重力场的月度地图，提供海洋河流如何围绕地球移动的详细信息。

图 1-3 GRACE Follow-On 计划卫星

1.1.2 空间等效原理检验中的应用

从实验上对等效原理进行检验可以进一步验证爱因斯坦广义相对论，促使旧理论的完善和新理论的发展，特别是高精度的等效原理检验可以被看成研究弦理论尺度物理的窗口，这有可能进一步加深人们对物理世界的认识。对弱等效原理的检验是目前检验爱因斯坦等效原理最好且最普遍的方式。通常，人们通过比较不同成分的物体在引力场中的加速度差来检验引力质量与惯性质量之比是否恒定，从而检验弱等效原理是否破坏。由于空间检验等效原理的潜在灵敏度，国际上一些研究机构提出了一系列空间计划。

STEP 计划最先由斯坦福大学的 P. W. Worden 等于 1971 开始研究，直到 1989 年 11 月作为美国国家航空航天局（NASA）和欧洲航天局（ESA）的合作项目提交给 ESA 参与地平线计划第二期中型航天器项目的竞选。整个计划的科学目标包括六部分：等效原理检验、地球重力场测量、超高层大气层研究、寻找自旋—自旋相互作用、检验反平方定律和测量万有引力常数 g，其中，等效原理检验是 STEP 计划主要的实验任务[26]。

等效原理检验的实验中共包含 6 对检验质量，其基本形状为圆筒形，每对检验质量组成一个差分加速度计，NASA 和 ESA 各提供三对。实验的关键技术包括超导量子干涉仪、超导磁悬浮、电容位移传感、静电控制、紫外放电和无拖曳控制。检验质量表面镀了超导层，其两端和侧面都有线圈，当检验质量偏离平衡位置时，相应方向上的线圈产生感应电流，其大小与检验质量的位移量成正比。通过超导量子干涉仪测量感应电流的大小，从而得到检验质量的位移量。同时利用超导磁悬浮技术，即利用检验质量与线圈之间的电磁力，对检验质量进行控制，使其保持在平衡位置。除了采用上面的传感和控制方式，STEP 计划中还采用了电容位移传感和静电控制技术对检验质量进行初步的传感和控制。紫外放电技术用来管理检验质量上的电荷，以减小环境电磁场对检验质量的扰动力。STEP 计划中最重要的一点是采用低温技术，因为实现超导和降低环境噪声都需要低温条件，为此整个实验的核心载荷都安装在一个大的液氦容器中，温度预计为 2K。STEP 计划的航天器及其关键载荷示意图如图 1-4 所示。

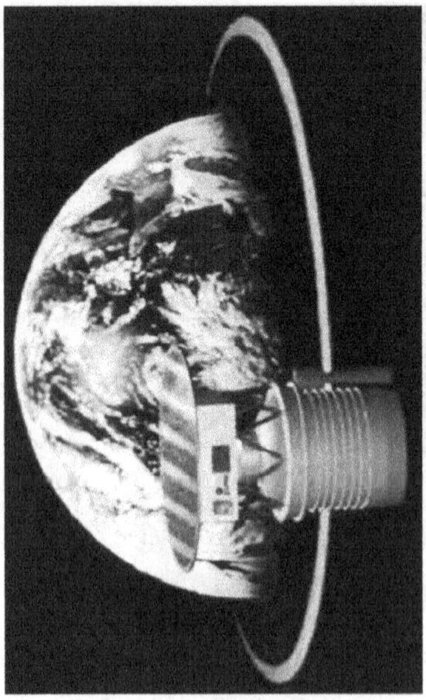

(a) STEP计划航天器

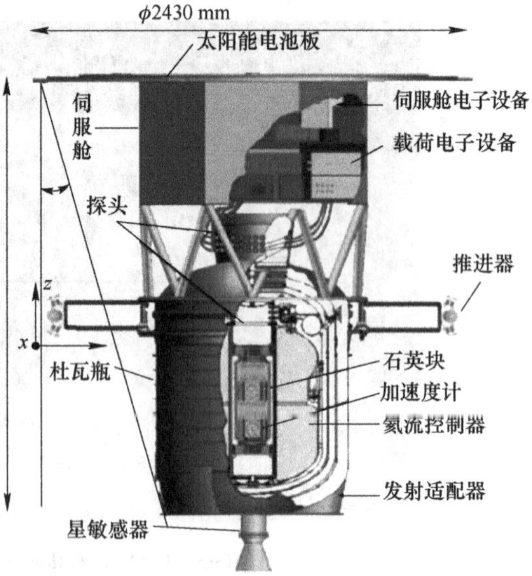

(b) STEP计划关键载荷

图 1-4　STEP 计划的航天器及其关键载荷示意图

MICROSCOPE 计划是法国航天局（CNES）的一项任务，目标是在 10^{-15} 量级验证弱等效原理的准确性。该精度比当前的限制提高了两个数量级，它预测了一种可能的弱等效原理的破缺在 10^{-13} 量级以下。该任务在 2000 年的 Cens 计划中实施，2004 年发射微型卫星，卫星的有效载荷包括 4 个重力传感器，它们在精细稳定的室温条件下运行。这对加速度计的分辨率提出了更高的要求[27]。

MICROSCOPE 计划中包含两对检验质量，材料分别为铂和钛、铂和铂，形状均为圆筒形，如图 1-5 所示。相同材料的一对检验质量用来区分测量信号中的其他非等效原理破坏信号，如系统误差等。实验在室温条件下进行，关键技术包括差分静电控制加速度计和无拖曳控制。差分静电控制加速度计包括电容位移传感、静电力控制、电荷管理。电容位移传感技术用来测量检验质量的位移，静电力控制是用静电力来控制检验质量。为了减小环境电磁场与带电检验质量的相互作用的扰动力，实验中采取 ONERA 成熟的金丝放电来抑制检验质量上电荷的涨落。相对于卫星重力测量应用而言，等效原理检验对相应技术的要求更高。在 MICROSCOPE 计划中，这些关键技术目前已进入地面测试和标定阶段。实验检验精度主要受温度效应、金丝阻尼、金丝寄生刚度和电容位移传感水平的限制，项目预计在 10^{-15}精度上检验等效原理，测量的信号频率在毫赫兹（mHz）附近。

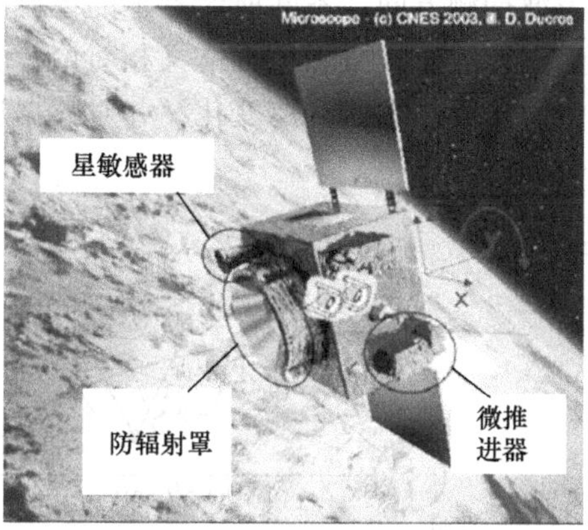

(a) MICROSCOPE计划航天器

(b) 航天器内部结构

图 1-5　MICROSCOPE 计划的航天器及其内部结构示意图

1.1.3　空间引力波探测中的应用

引力波是爱因斯坦广义相对论重要的预言之一，对于检验广义相对论意义重大，引力波也为探测宇宙提供了新手段，能够为人类描绘一幅更全面的宇宙图景。在过去近 100 年里，研究人员对引力波探测一直非常关注，但是引力波效应非常微弱，难以探测。人们从 20 世纪 80 年代开始推动在地面建设臂长为千米（km）量级的大型激光干涉仪，进行引力波探测，也就是 LIGO 计划[28-30]。经过 30 多年的努力，升级后的 LIGO 于 2015 年 9 月 14 日首次探测到了引力波信号[31-33]。引力波开启了有别于电磁波的宇宙探测窗口，提供了探索宇宙的新手段。基于这次有引力波探测的巨大成功，美国 NASA 和欧洲航天局重启了空间引力波探测计划（laser interferometer space antenna，LISA），相比于地基引力波探测器，空间引力波探测器的臂长更长，可以探测更低频的引力波信号，这对于研究宇宙的形成与演化具有重大意义[34-36]。

在科学方面，空间引力波探测的主要探测对象包括大质量双黑洞并合、极端质量比旋近、恒星级双黑洞旋近、银河系双致密星旋近、随机引力波背景等。这些探测可以为我们研究星系及大质量黑洞的形成和分布、致密星团及星系核区动力学、引力、黑洞、暗物质，以及暗能量的本质等提供无法通过其他手段获得的信息，有望系统推动物理学、天文学的发展[37-38]。在应用方面，空间引力波探测涉及空间惯性基准、星间激光干涉测量、超静超稳卫星平台等一系列尖端技术，空间引力波探测将牵引带动一大批高尖端核心技术的发展与进步，对于地球重力场的精确测量、帮助构建全球时空坐标体系等具有重要的意义。

LISA 计划是欧洲航天局和美国共同提出的用来探测低频引力波的空间计划。该计划需要发射三颗相同的卫星，组成边长约 500 万 km 的等边三角形，它们的中心在地球的公转轨道上落后地球 19°~23°绕太阳公转，如图 1-6 所示。每两个航天器之间的连线方向是作为引力波的探测方向，在每个航天器中都搭载了静电悬浮加速度计，它在惯性参考模式（geodesic reference mode，GRM）下工作时，其检验质量是完全自由的，不受静电力的控制。在引力波探测方向以外的自由度，检验质量与航天器之间的相对位移由静电悬浮加速度计中的电容位移传感来测量，然后无拖曳控制系统根据这个相对位移来控制微牛顿推进器，使航天器跟随检验质量运动。而在引力波探测方向，不同航天器中的检验质量之间构成激光干涉仪，它们之间的相对位移由激光干涉仪来测量。根据广义相对论，引力波会引起这两个物体之间的距离变化，通过测量检验质量之间的距离变化，并对数据进行分析处理，进而探测出引力波信号。

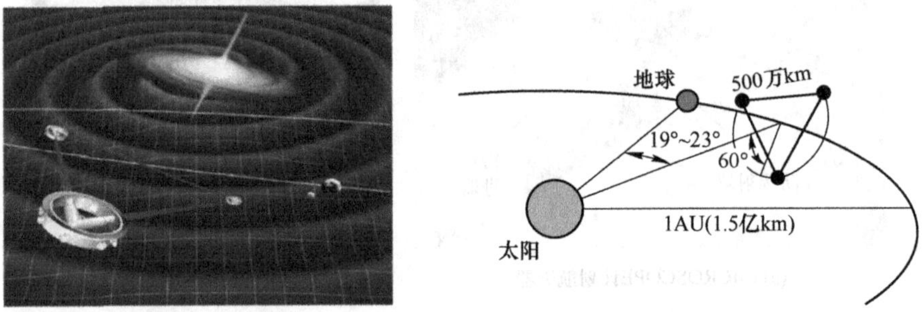

(a) LISA计划航天器　　(b) 航天器运行轨道

图 1-6　LISA 航天器及其运行轨道

为了验证 LISA 计划的关键技术，包括静电悬浮加速度计、激光外差干涉测量及无拖曳控制技术，欧洲航天局提出了 LISA Pathfinder 计划[29]。LISA Pathfinder 只有一个航天器，包含两个静电悬浮加速度计，静电悬浮加速度计中检验质量相距约 30cm，如图 1-7 所示。静电悬浮加速度计检验质量受到的加速度噪声功率谱要求低于 $10^{-15}(m/s^2)/Hz^{1/2}$@0.1mHz[39]。该卫星于 2015 年成功发射，静电悬浮加速度计的在轨分辨率达到了设计需求，这对于将要在 2034 年发射的 LISA 卫星具有重要意义。

21 世纪以来，我国组织了多次空间引力波探测的学术研讨会议，2012 年，中科院成立了空间引力波工作组，由胡文瑞院士组织实施的空间引力波探测计划——“太极计划”，目标是在太空中探测到低频引力波，“太极计划”与 LISA 计划类似，三星编队轨道是以太阳为中心，设计臂长约 250 万 km，编队中心离地球约 5000 万 km，如图 1-8 所示。静电

图 1-7 LISA Pathfinder 静电悬浮加速度计及其装配

悬浮加速度计技术中加速度计噪声设计分辨率为 $3\times10^{-16}(m/s^2)/Hz^{1/2}$[40]。目前，第一阶段卫星“太极一号”顺利完成首阶段在轨测试[41]。

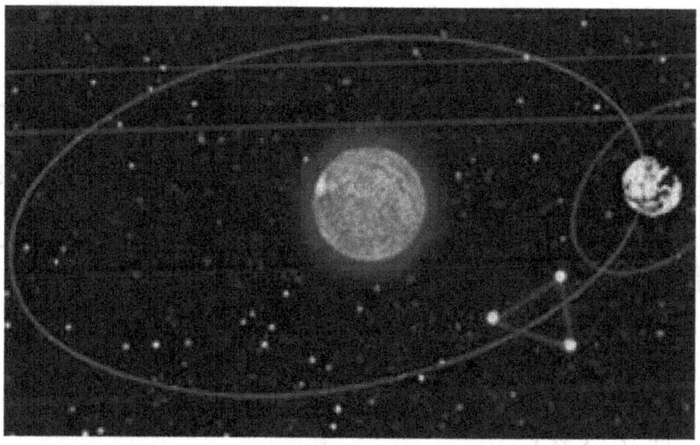

图 1-8 “太极计划”航天器运行轨道

2014 年，罗俊院士牵头发起了我国自己主导的空间引力波探测项目——“天琴计划”。“天琴计划”是我国自主的空间引力波探测计划，其目标是在 2035 年前后，在约 10 万 km 高的地球轨道上部署三颗全同卫星，构成边长约为 17 万 km 的等边三角形编队，如图 1-9 所示，建成空间引力波天文台“天琴”，开展引力波的空间探测，进行天体物理、宇宙学

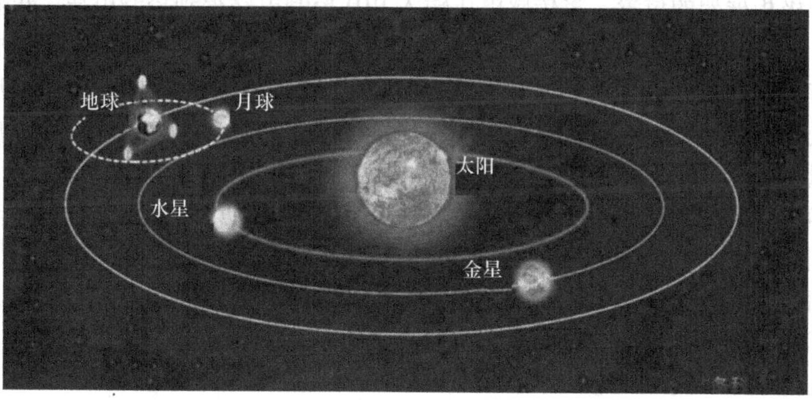

图 1-9 “天琴计划”航天器运行轨道

及基础物理前沿研究。“天琴一号”卫星已于 2019 年 12 月成功发射，该卫星上搭载的静电悬浮加速度计在轨运行正常，测量分辨率在 0.05Hz 处达到了 $5\times10^{-11}(m/s^2)/Hz^{1/2}$[42]。该项技术对于提升我国卫星的重力测量水平及其他空间科学实验具有推动性作用。

1.2 静电悬浮加速度计地面检测技术概况

静电悬浮加速度计发展到今天，其结构不断成熟固化，主要包括机械传感探头、电容位移传感模块、反馈控制模块及执行机模块，其结构框图如图 1-10 所示。传感探头由检验质量块和包围在外面的电容极板对组成，通过电容位移传感模块测量各个极板电容的变化，进而实现检验质量 6 个自由度运动的监测，然后通过反馈控制模块计算出施加在各个极板上反馈电压的大小，通过执行机模块施加到各个极板上，利用产生的静电力抵消检验质量的运动，使得检验质量和电容极板对保持相对静止。加在检验质量上的直流偏置电压 V_b 和高频载波信号 V_p 分别用来线性化静电驱动器和驱动电容转化桥路。

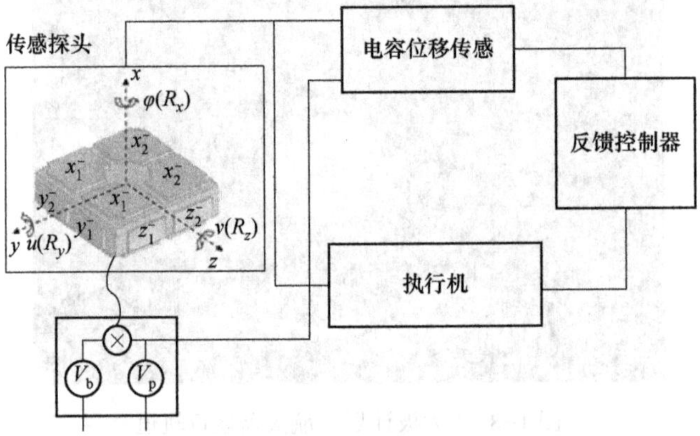

图 1-10　静电加速度计原理框图

当载具（和电容极板固连）存在加速度变化时，检验质量偏离平衡位置，检验质量和电容极板之间的电容发生变化，通过电容位移传感电路可以测得电容差，并以电压的形式输出。而电容差则可以反映质量在电容极板中的相对位置，即传感输出电压反映检验质量相对于电容极板框架的位置。将传感电压输入 PID 控制电路得到控制电压，再将控制电压以“±对”的形式分别加到两块电容极板上，其产生的静电力会将检验质量拉回极板中心，并保持检验质量和电容极板相对静止。那么此时检验质量受到的静电力对应的加速度即为载具受到的加速度，通过对反馈电压的测量可以计算反馈静电力，继而完成对外界加速度的测量。

由于静电加速度计是为了在空间微重力环境下使用而设计的，它的分辨率非常高，并且动态范围非常小，在地面 1g 的重力加速度作用下，它是不能正常工作的，因此要设法使它在地面上也能完全正常工作或部分正常工作，以便研究各因素对其的影响，对它的各项性能指标进行测试，目前在地面研究空间静电悬浮加速度计的方法主要有悬丝悬挂、自由落体和高压悬浮三类[43-45]。

1.2.1 地面研究方案

1. 悬丝悬挂

悬丝悬挂方案的基本原理：利用悬丝的张力来平衡加速度计检验质量自身所受的重力，实现检验质量的悬浮，从而对加速度计的部分水平和扭转自由度进行测试。悬丝悬挂方案所用的悬丝一般为热膨胀系数很低的石英丝，直径可以做到几十微米，悬丝热噪声最低可以达到 1×10^{-14}N·m/Hz$^{1/2}$。因此，该方案是目前最灵敏的弱力检测手段之一。

意大利特伦托大学和美国华盛顿大学的 LISA 研究小组通过悬丝悬挂检验质量的方法开发的扭摆测试系统对 LISA 及 LISA Pathfinder 的惯性传感器进行了各种扰动力的研究，其扭摆测试系统的力矩分辨率在 1mHz 处可以达到 1×10^{-15}N·m/Hz$^{1/2}$[46-50]。华中科技大学引力中心实验室长期从事精密扭秤的相关研究，并于 21 世纪初开展了基于悬丝悬挂方案的静电加速度计的各项研究[51-53]。图 1-11 展示了华中科技大学引力中心设计和搭建的静电加速度计的二级扭摆测试系统，图 1-11(a) 为二级扭摆示意图，图 1-11(b) 为二级扭摆实物图。该系统一共有两级悬丝，一级丝用来悬挂扭秤，保证扭秤能够自由转动。安装在扭秤一端的二级丝用来悬挂加速度计的检验质量，保证检验质量能够自由转动，同时利用一级丝的转动可以实现检验质量平动的测量[54-56]。这两个方向上的灵敏度非常高，同时能够有效地抑制地面振动的影响，因此可以模拟检验质量在空间失重环境下的运动状态，开展各种扰动力的研究。但是，由于悬丝的存在，该方案只能对加速度计的部分自由度进行测试研究，无法实现 6 个自由度同时测量，因此无法开展对工程样机的性能检验。

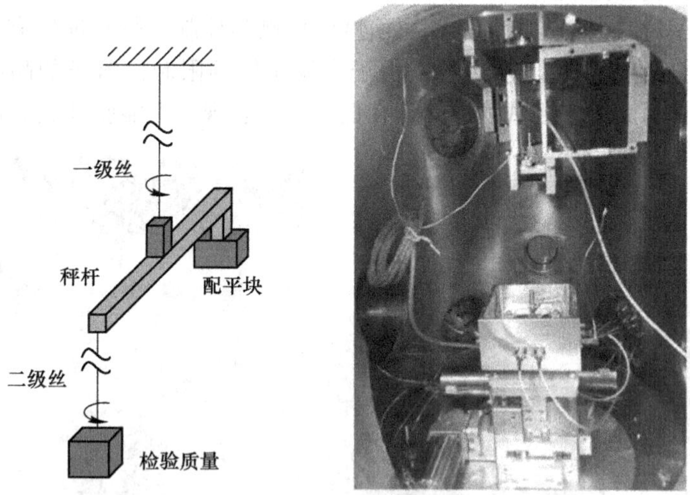

(a) 二级扭摆示意图　　(b) 二级扭摆实物图

图 1-11　二级扭秤装置图

2. 自由落体

自由落体方案是一种可以实现静电加速度计的 6 个自由度控制的测试方案，利用静电加速度计自由下落时的微重力环境检验加速度计的控制性能，测量加速度计的偏值。该实验方案由落塔装置提供足够的高度使加速度计做自由落体运动，利用自由落体时获得的短暂微重力时间进行实验[57-58]。德国布莱梅（Bremen）应用空间技术和微重力中心的落塔是目前国际上较大的地面微重力研究实验装置之一，自 1990 年 9 月正式投入运行以来，它已经完成了许多重要的研究计划，取得了一系列成果，对空间科学研究和发展做出了贡献，已成为世界瞩目的微重力研究中心和基地[59]。图 1-12(a) 为德国布莱梅落塔的实物图，该建筑的高度为 146m，图 1-12(b) 为 Super Start 加速度计在落塔内的测试结果图，利用差分测量的方法可以扣除落塔振动的影响，评估加速度计的闭环控制性能。同时，改变加速度计的安装方向进行重复实验，可以扣除下落过程中气体阻尼的影响，估计加速度计的偏值大小。

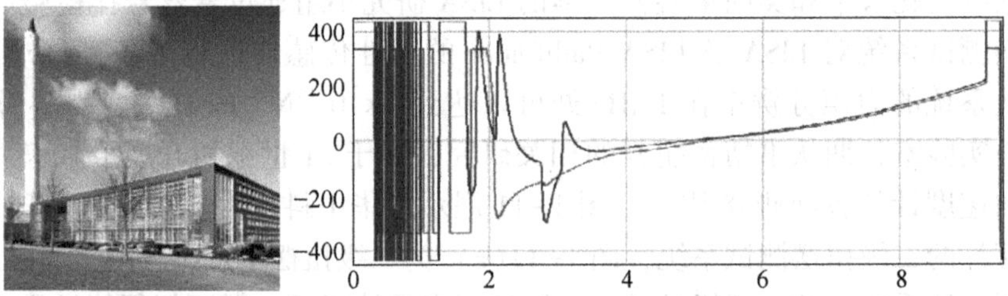

(a) 德国布莱梅落塔　　(b) 落塔内测试结果

图 1-12　自由落体实验装置及测试结果

国内落塔建设主要有中科院微重力落塔，高度为 116m，自由落体实验可获得 3.60s 的微重力时间，最大冲击加速度小于 15g，图 1-13(a) 为中科院微重力落塔的外景实拍图，图 1-13(b) 为落塔内部实物图。该落塔在双舱实验模式的微重力水平达到 $10^{-5}g$ 量级，最大可搭载 30kg 实验载荷。单舱实验模式的微重力水平为 $10^{-3}g$，最大可搭载 70kg 实验载荷。该方案适用于对静电加速度计的六自由度的检测和控制进行验证研究，以及测试静电加速度计各平动自由度的偏值上限[60]。由于实验条件的限制，落塔的高度有限，整个下落过程只有几秒，因此无法测试加速度计在低频段的表现，不能验证其分辨率指标。

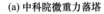

(a) 中科院微重力落塔　　(b) 落塔内实物图

图 1-13　中科院微重力落塔

3. 高压悬浮

高压悬浮方案是一种重要的静电加速度计地面检测方案，其最大的优势是可以实现加速度计 6 个自由度长时间同时工作，其基本原理是在检验质量的竖直方向电容极板对上施加高电压，在竖直方向形成强电场，利用电场力平衡检验质量自身的重力，实现检验质量悬浮于电容极板框架内，从而对加速度计的各项性能指标进行检验。因此，此方案可用于工程样机的检验和加速度计在轨工作模式的复核。

法国 ONERA 研究小组在多项空间计划的静电加速度计的地面测试中采用了该方案[61-64]。图 1-14(a) 为他们设计的二级隔振平台，第一级平台上安装倾斜仪，辅以 PZT 驱动器，以调节自身台面角度，用来提供绝对的水平基准。第二级平台用来安装待测加速度计，用弹簧悬挂悬浮于第一级平台上，利用电容传感和磁力反馈的方式构成一套伺服控制系统，以保证其与第一级平台保持平行，从而隔离地面振动传递到平台。其测试结果如图 1-14(b) 所示，单台加速度计的加速度噪声功率谱要求 $10^{-7}(m/s^2)/Hz^{1/2}$，差分结果达到了 $10^{-8}(m/s^2)/Hz^{1/2}$ 水平。

(a) ONERA高压悬浮测试平台

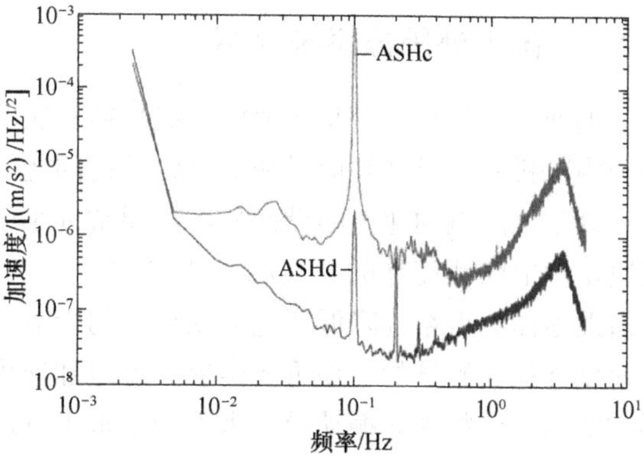

(b) 平台加速度计测试结果

图 1-14 ONERA 加速度计地面测试

华中科技大学引力中心精密重力测量团队进行了静电加速度计高压悬浮方案的相关研究，并取得了不错的进展，研制的高压悬浮静电加速度计如图 1-15(a) 所示，立方体的真空腔探头盒放置在一个角度调节平台上，探头盒右边的较大尺寸的屏蔽盒内放置电路板，电极通过线缆跟探头盒连接，整套装置放置在大理石台上，同时用一台微震仪同步监测大理石台的振动水平。高压悬浮静电加速度计测试结果如图 1-15(b) 所示，其加速度分辨率为 $4\times10^{-8}(m/s^2)/Hz^{1/2}$@ 0.1Hz，对比地面振动噪声水平和其他耦合噪声水平，其测试分辨率主要受限于地面振动的水平[65-66]。

此外，开展静电加速度计高压悬浮方案相关研究的单位还有兰州空间技术物理研究所和清华大学。兰州空间技术物理研究所的高压悬浮方案测试实验在隔振摆台上实现了对 72g 检验质量的静电加速度计的稳定控制，加速度计的地面测试分辨率为 $10^{-7}(m/s^2)/Hz^{1/2}$，主要受限于高压耦合噪声和平台残余加速度噪声[67]。清华大学在地面测试进行的高压悬浮方案实现了对 40g 检验质量的静电加速度计的稳定控制，加速度计的地面测试分辨率为 $2\times10^{-6}(m/s^2)/Hz^{1/2}$，主要受限于高压电路噪声[68]。

由此可见，高压悬浮作为一种能够实现加速度计六自由度长时间测量的地面测试方案，其优势十分明显。但是，地面振动噪声限制了该方案的测试水平，因此针对高压悬浮测试方案设计一套地面振动隔离平台对于提高该方案的地面测试水平是十分必要的。

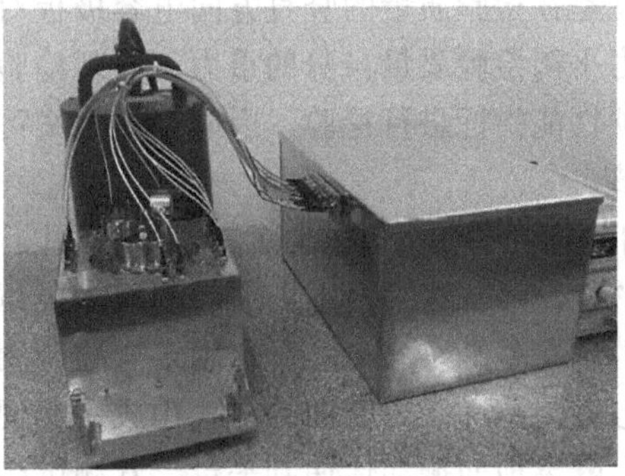
(a) HUST高压悬浮测试平台

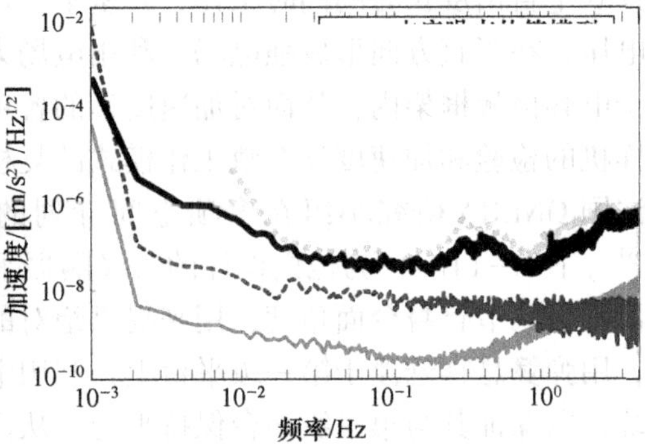

(b) 平台加速度计测试结果

图 1-15　HUST 高压悬浮静电加速度计地面测试

1.2.2　国内外隔振系统介绍

地面振动噪声一直是在地面开展高精密实验的主要噪声源之一，因此隔振问题一直都是国内外科研人员必须面对和解决的关键问题。对于高精度静电加速度计地面研究也不例外。高精度静电加速度的设计分辨率通常远小于地面振动噪声水平，因此隔振系统的表现将决定静电加速度计的地面测试水平[69-70]。为了提高静电加速度计的地面测试水平，必须借助地面隔振系统降低环境振动噪声的影响，这使得隔振系统的研究成为了高精度静电加速度计地面测试的一项重要内容。静电加速度计的工作频段通常低于 1Hz，因此其地面测试实验对低频地面振动噪声水平的要求十分严苛。目前，市面上的商业级隔振平台产品多以主动隔振方案为主，同时结合了被动隔振方案，由于受限于机械结构及工程化的问题，其隔振频带很难拓展到低频区域，且隔振能力十分有限，所以，低频隔振问题的研究成为了静电加速度计地面测试实验中必须面对和解决的关键问题之一[71]。

在地基引力波探测计划中，优秀的地面振动抑制水平是引力波探测的一项重要的先决条件[72-73]。北京时间 2015 年 9 月 14 日，激光干涉仪引力波天文台（简称 LIGO）分别位于美国路易斯安那州的利文斯顿（Livingston）和华盛顿州的汉福德（Hanford）的探测器，观测到了一次置信度高达 5.1 倍标准差的引力波事件：GW150914。这项非凡的发现标志着天文学已经进入新的时代，人类从此打开了一扇观测宇宙的全新窗口。新闻发布会上，麻省理工学院名誉教授 Rainer Weiss 专门演示了 LIGO 隔绝振动的基本原理，可见隔振系统在地面引力波探测中的重要地位。升级改造后的 Advanced-LIGO 使用了非常复杂的隔振机构，它的构想来源于美国天体物理联合实验室的隔振经验，包含多级主被动隔振系统来实现在全频带对地面振动的隔离。该系统模型如图 1-16 所示，共有三个隔振平台，分别为 HEPI 隔振系统（hydraulic exo-vacuum pre-isolators）、ISI 隔振系统（intra-vacuum seismic isolators）和 SUS（multi-stage passive suspensions）[74-76]。HEPI 隔振系统是基于超静的液压驱动器和控制技术开发的，具有长期的全自由度调节能力，被用来抑制如潮汐和地面振动等低频的扰动噪声，隔振的频带范围为 0.1～10Hz。ISI 隔振系统是基于美国 JILA（Joint Institute for Laboratory Astrophysics）实验室于 20 世纪 90 年代建立的早期模型而提出的，采用了大型的光学平台用来安装 LIGO 的光学元件，平台上安装了低噪声仪器用来提供调节对准的能力和0.1~30Hz的隔振能力，同时可以提供几赫兹到几百赫兹的被动隔振能力。该系统包含为辅助光学元件设计的HMA-ISI(horizontal access modules-intra-vacuum seismic isolators）单级隔振系统和为满足核心光学元件超高的地面振动隔离需求而设计的BSC-ISI(basic symmetric chambers-intra-vacuum seismic isolators）二级隔振系统，其每级系统都包含主动和被动隔振方案，垂直隔振上采用弹簧隔振，水平隔振上采用柔性杆隔振，主动控制采用了商用地震仪和音圈驱动器，实现两级共12个自由度的伺服控制。

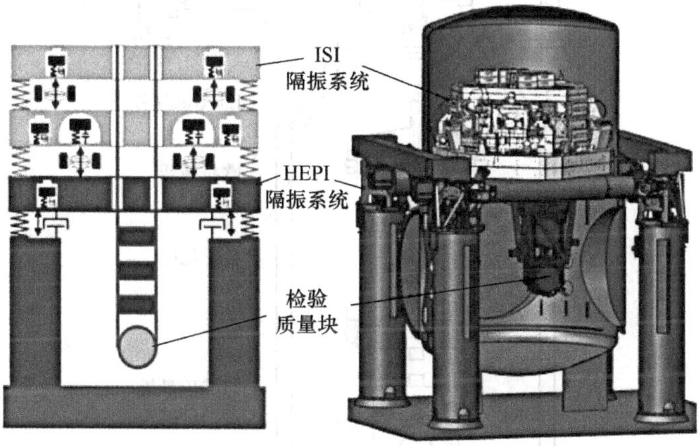

图1-16 Advanced-LIGO隔振系统

澳大利亚国际引力天文台（AIGO）也是全球地面引力波探测的一部分，旨在开发先进技术，以提高激光干涉引力波探测器的灵敏度。西澳大学为AIGO设计了一套完整的隔振系统，以满足下一代引力波探测的隔振需求。该系统依赖于被动隔振方案，包括多级的超低频隔振平台，用以减小低频残余运动，预计残余运动在0.3Hz处能低至1nm[77]。该系统的结构如图1-17所示，顶端是一个由倒摆、LaCoste连杆、Roberts连杆组成的多级结构的三维预隔振系统，每一级结构的共振频率都低于0.1Hz。倒摆是一种能够提供有效桌面支撑的水平隔振结构。垂直隔振由LaCoste连杆提供，其由横向倒摆和线圈弹簧组成，线圈弹簧在这里提供支撑负载的作用。Roberts连杆则是一个相对简单的结构：一个立方框架由4根线悬挂在垂直隔振结构上，负载悬挂在立方框架内，构成一个共振频率较低的二维水平隔振结构[78-79]。下面是由三个完全相同的自阻尼摆和欧拉弹簧组成的隔振堆。自阻尼摆中的黏性联轴器提供阻尼效果，欧拉弹簧则用来进一步隔离垂直振动，同时可以用反弹簧结构对其进行调谐，以更好地实现低频隔振[80-84]。被隔振对象就挂在这三级隔振结构下面，单级的测试结果表明各级隔振系统的表现都接近理想隔振，但是测量多级系统的隔振性能时很容易就达到了测试仪器的噪声极限，所以很难对整个隔振系统的表现进行评估[85]。

以上隔振系统结合了主被动隔振方案，隔振单元多达十几个，结构十分复杂，不适用于静电加速度计地面测试。考虑到静电加速度计对于测试平台的平动和倾斜同样敏感，而测试平台的倾斜与悬挂点的平动加速度有关，因此，本课题组提出了一种基于平动—倾斜补偿原理的低频隔振摆台，利用摆台倾斜引入的重力加速度水平分量来补偿地面水平振动

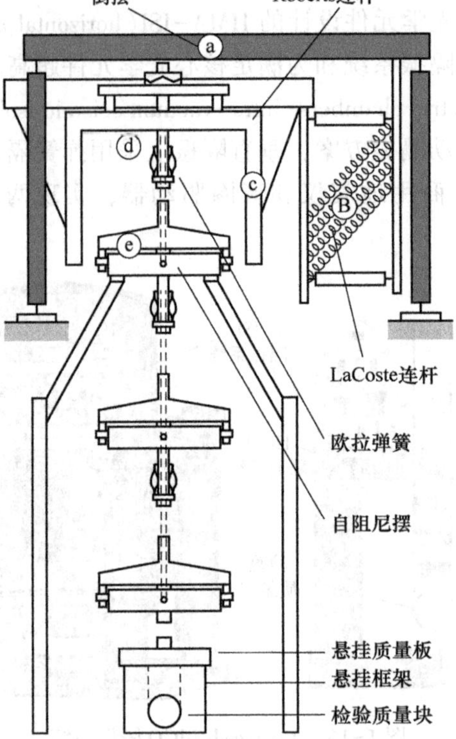

图 1-17　AIGO 隔振系统结构简图

加速度，结构如图 1-18 所示。待测加速度计放置在一个可以自由摆动的悬挂摆台上，当地面水平方向振动加速度传递到摆台悬挂点时，会使摆台的悬挂点产生水平方向的加速度，进而引起摆台摆动，此时摆台受到的惯性力与摆台倾斜产生的重力沿水平方向的分力方向相反，从而减弱地面振动经过摆台后传递给摆台上待测加速度计的振动噪声。该摆台在加速度计的测量频带（0.1Hz 附近及以下的低频段）对水平方向地面振动噪声有着不错的抑制效果，可达到 40dB 的振动衰减[86]。

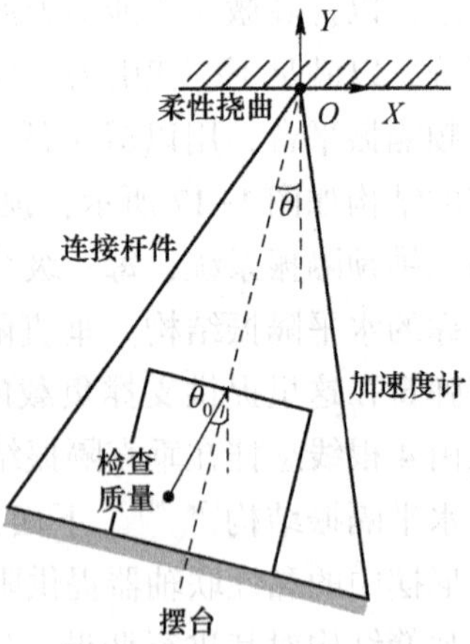

图 1-18　倾斜补偿隔振摆台

然而，加速度计水平方向高灵敏轴的分辨率测试不仅会受到测量频带内低频噪声的直接影响，而且会由于二阶非线性项的存在受到高频噪声耦合的影响[87-88]。而高频段的地面振动噪声通常高于低频段，能达到 $10^{-7}(\mathrm{m/s^2})/\mathrm{Hz}^{1/2}$ 量级，因此必须同时考虑高频振动的抑制[89]。此外，加速度计水平方向加速度的输出除了水平振动噪声的贡献，还有绕竖直轴的扭转加速度的贡献。对于扭转加速度，摆台对其没有抑制作用，因此扭转自由度交叉耦合噪声也是必须要考虑的一部分。

1.3 本书主要内容

本书主要以高精度静电悬浮加速度计地面检测技术为主题，介绍高精度静电悬浮加速度计地面研究的目的、方法及技术手段。针对静电悬浮加速度计地面测试需求，着重分析在高压悬浮技术手段下静电悬浮加速度计地面测试噪声的主要来源及限制因素。对基于平动—倾斜补偿原理的隔振摆台相关的理论建模与实验研究展开详细介绍。具体来说，本书章节的安排如下：

第 1 章介绍高精度静电悬浮加速度计的发展及主要应用，包括资源勘探、重力卫星测量及引力波探测等领域。详细介绍了静电悬浮加速度计的工作原理，分析了静电悬浮加速度计地面测试的三种方法，指出了静电悬浮加速度计地面检测技术的现状与不足，并对国内外地面隔振研究现状展开介绍，提出了基于平动—倾斜补偿原理的隔振摆台研究方案。

第 2 章主要介绍静电加速度计高压悬浮方案地面测试中受到的主要噪声源，分析了地面振动噪声耦合机制，指出了地面振动噪声是限制静电悬浮加速度计地面测试分辨率水平的主要因素。对高精度静电悬浮加速度计的噪声需求进行了详细分析，建立了加速度计非线性效应理论模型，结合噪声需求，给出了在高压悬浮方案地面测试中地面振动噪声的抑制指标。

第 3 章主要介绍加速度计地面测试中的隔振方法。着重分析了基于平动—倾斜补偿原理的隔振摆台的基本原理，对摆台进行了详细的运动学建模，建立了摆台的运动学方程，分析得出了摆台的隔振传递函数，结合典型参数分别分析了隔振摆台在高频段和低频段对地面振动噪声的响应，并对影响摆台隔振能力的主要性能参数进行了理论分析。

第 4 章为隔振摆台的设计、研制和性能验证实验研究。主要介绍了基于平动—倾斜补偿原理的原理性摆台的结构设计，着重介绍了悬挂簧片的刚度计算及摆台的机械热噪声估算，然后根据设计方案搭建隔振摆台，并对摆台的噪声进行初步测试，包括在不同配重块情况下，摆台上的加速度噪声差异，以及加速度计不同安装位置时的加速度噪声差异，为提高摆台的隔振水平提供了依据。

第 5 章主要介绍隔振摆台的环境影响实验研究。主要从环境温度、环境气压和设备连接线缆三个方面分别设计实验，分析各部分环境因素对摆台上加速度噪声的影响，设计调制实验，分别测量环境温度、环境气压及设备连接线缆对隔振摆台上加速度噪声的影响，从而判断环境因素对摆台隔振性能的影响。

第 6 章主要介绍静电悬浮加速度计测试摆台系统的设计与研制。介绍了静电悬浮加速度计地面测试设备的实验安装需求，设计了三种悬挂方式的隔振摆台，并测试了各自摆台上的加速度噪声差异。此外，还介绍了摆台台面倾斜角度调节设计方案，并对该方案进行了实验验证。最终确定方案，搭建了静电悬浮加速度计测试摆台，并进行了隔振摆台噪声的初步测试。

第 7 章主要介绍静电悬浮加速度计与测试摆台的联合实验验证。开展了联合实验，介绍了实验测试方法，并对静电悬浮加速度计测试摆台联合实验结果进行初步分析。开展了静电悬浮加速度计在不同工况下摆台噪声的实验研究，分析了摆台上的负载静电悬浮加速度计和微震仪对摆台隔振性能的影响，并对实验结果进行了对比分析，得到了有效的结果，为进一步优化测试方案提供了实验依据。

第 8 章总结了高压悬浮静电加速度计摆台联合实验结果。实验研究中发现待测加速度计的安装位置、隔振摆台的结构参数都对实验结果有着重要的影响。最终测试结果表明，基于平动—倾斜补偿原理的隔振摆台对高压悬浮静电加速度计的测试分辨率有一定提高，其加速度测试水平在 0.23Hz 处达到了 $3\times10^{-9}(m/s^2)/Hz^{1/2}$。同时，展望了未来静电悬浮加速度计地面研究中的重点研究方向，浅略讨论了主动隔振方案和被动隔振方案各自的优势，并给出了一些研究建议。

参考文献

[1] Jäggi A, Bock H, Prange L, et al. GPS-only gravity field recovery with GOCE, CHAMP, and GRACE[J]. Advances in Space Research, 2011, 47(6): 1020-1028.

[2] Gao F, Zhou Z B, Luo J. Feasibility for Testing the Equivalence Principle with Optical Readout in Space[J]. Chinese Physics Letters, 2011, 28(8): 080401.

[3] Armano M, Audley H, Auger G, et al. Sub-Femto-g Free Fall for Space-Based Gravitational Wave Observatories: LISA Pathfinder Results[J]. Physical Review Letters, 2016, 116: 231101.

[4] Reigber C, et al. The CHAMP-only earth gravity field model EIGEN-2[J]. Advances in Space Research, 2003, 31(8): 1883-1888.

[5] Flechtner F, Morton P, Watkins M, et al. Status of the GRACE Follow-On Mission[M]// Marti U, editor, Proceedings of Gravity, Geoid and Height Systems, Cham: Springer International Publishing, 2014, 117-121.

[6] Christophe B, Marque J, Foulon B. In-orbit data verification of the accelerometers of the ESA GOCE mission[M]//Proceedings of SF2A-2010: Proceedings of the Annual meeting of the French Society of Astronomy and Astrophysics, 2010, 113.

[7] Nakamura Y, Kikuchi D, Yamada K, et al. Weakly-gravitating objects in dynamical Chern-Simons gravity and constraints with gravity probe B[J]. Classical and Quantum Gravity, 2019, 36(10): 105006.

[8] Christophe B, Boulanger D, Foulon B, et al. A new generation of ultra-sensitive electrostatic accelerometers for GRACE Follow-on and towards the next generation gravity missions [J]. Acta Astronautica, 2015, 117(9): 1-7.

[9] Armano M, Audley H, Baird J, et al. Beyond the Required LISA Free-Fall Performance: New LISA Pathfinder Results down to 20 Hz [J]. Physical Review Letters, 2018, 120: 061101.

[10] Bergé J, Touboul P, and M R. Status of MICROSCOPE, a mission to test the Equivalence Principle in space[J]. Journal of Physics: Conference Series, 2015, 610: 012009.

[11] Reigber C, Balmino G, Schwintzer P, et al. A high-quality global gravity field model from CHAMP GPS tracking data and accelerometry (EIGEN-1S) [J]. Geophysical Research Letters, 2002, 29(14): 37-1-37-4.

[12] Flury J, Bettadpur S, Tapley B D. Precise accelerometry onboard the GRACE gravity field satellite mission[J]. Advances in Space Research, 2008, 42(8): 1414-1423.

[13] Conklin J W, Gravity Probe B Collaboration. The Gravity Probe B experiment and early results[J]. Journal of Physics: Conference Series, 2008, 140: 012001.

[14] Stebbins R T, Bender P L, Hanson J, et al. Current error estimates for LISA spurious accelerations[J]. Classical and Quantum Gravity, 2004, 21(5): S653-S660.

[15] 宁津生．地球重力场模型及其应用［J］．冶金测绘，1994，3(2)．

[16] 许厚泽．卫星重力研究：21 世纪大地测量研究的新热点［J］．冶金测绘，2001，26(3)．

[17] Drinkwater MR, Haagmans R, Muzi D, et al. The GOCE Gravity Mission: ESA's First Core Earth Explorer[M]//Proceedings of 3rd International GOCE User Workshop, Frascati, Italy, November, 2006.

[18] Fehringer M, Andre G, Lamarre D, et al. Directorate of Earth Observation Programmes [M]//Proceedings of ESTEC, Noordwijk, The Netherlands, Febuary, 2008.

[19] Drinkwater MR, Floberghagen R, Haagmans R, et al. GOCE: ESA's first Earth Explorer Core mission[J]. Space Science Reviews, 2003: 1-14.

[20] GOCE L1B Products User Handbook. GOCE-GSEG-EOPGTN-06-0137, ESA, 2006.

[21] Rummel R, Flury J, Gruber T. GOCE Research in Germany: From Sensor Analysis to Earth System Science [M]//Proceedings of 3rd International GOCE User Workshop. Frascati, Rome. November 6-8, 2006.

[22] Marque J P, Christophe B, Liorzou F, et al. IAC-08-B1. 3. 7, 2008.

[23] Flechtner F, Morton P, Watkins M, et al. Status of the GRACE follow-on mission[M]// Gravity, geoid and height systems. Springer, Cham, 2014: 117-121.

[24] Christophe B, Boulanger D, Foulon B, et al. A new generation of ultra-sensitive electrostatic accelerometers for GRACE follow-on and towards the next generation gravity missions [J]. Acta Astronautica, 2015, 117: 1-7.

[25] Kornfeld R P, Arnold B W, Gross M A, et al. GRACE-FO: the gravity recovery and climate experiment follow-on mission[J]. Journal of spacecraft and rockets, 2019, 56(3): 931-951.

[26] T J Sumner, J Anderson, J P Blaser, et al. STEP(satellite test of the equivalence principle) [J]. Advances in Space Research, 2007, 39: 254.

[27] P Touboul, M Rodrigues. The MICROSCOPE space mission[J]. Classical Quantum Grav., 2001, 18: 2487.

[28] Abramovici A, Althouse W E, Drever R W P, et al. LIGO: The laser interferometer gravitational-wave observatory[J]. Science, 1992, 256(5055): 325-333.

[29] Aasi J, Abbott B P, Abbott R, et al. Advanced LIGO[J]. Classical and Quantum Gravity, 2015, 32(7): 074001.

[30] Harry G M, LIGO Scientific Collaboration. Advanced LIGO: the next generation of gravitational wave detectors[J]. Classical and Quantum Gravity, 2010, 27(8): 084006

[31] Collaboration L S. Advanced LIGO [J]. Classical and Quantum Gravity, 2015, 32: 074001.

[32] Scientific L, Abbott B P, Abbott R, et al. GW170104: observation of a 50-solar-mass binary black hole coalescence at redshift 0. 2[J]. Physical Review Letters, 2017, 118 (22): 221101.

[33] Collaboration L S, Collaboration V. GWTC-1: A Gravitational-Wave Transient Catalog of

Compact Binary Mergers Observed by LIGO and Virgo during the First and Second Observing Runs[J]. Physical Review X, 2019, 9: 031040.

[34] K Danzmann for the LISA Study Team. LISA-an ESA cornerstone mission for a gravitational wave observatory[J]. Classical and Quantum Gravity, 1997, 14(6): 1399.

[35] Vitale S. Space-borne gravitational wave observatories[J]. General Relativity and Gravitation, 2014, 46(5): 1730.

[36] Rodrigues M, Foulon B, Liorzou F, et al. Flight experience on CHAMP and GRACE with ultra-sensitive accelerometers and return for LISA[J]. Classical and Quantum Gravity, 2003, 20(10): S291.

[37] Schutz B F. Gravitational wave astronomy[J]. Classical and Quantum Gravity, 1999, 16(12A): A131.

[38] Cutler C, Thorne K S. An overview of gravitational-wave sources[J]. General Relativity and Gravitation, 2002: 72-111.

[39] Schumaker B L. Disturbance reduction requirements for LISA[J]. Classical and Quantum Gravity, 2003, 20(10): S239.

[40] Omiya H, Seto N. Searching for anomalous polarization modes of the stochastic gravitational wave background with LISA and Taiji[J]. Physical Review D, 2020, 102(8): 084053.

[41] Ruan W H, Guo Z K, Cai R G, et al. Taiji program: Gravitational-wave sources[J]. International Journal of Modern Physics A, 2020: 2050075.

[42] Luo J, Bai Y Z, Cai L, et al. The first round result from the TianQin-1 satellite[J]. Classical and Quantum Gravity, 2020, 37(18): 185013.

[43] Bortoluzzi D, Foulon B, Marirrodriga C G, et al. Object injection in geodesic conditions: Inflight and on-ground testing issues[J]. Advances in Space Research, 2010, 45(11): 1358-1379.

[44] Bassan M, Cavalleri A, Laurentis M D, et al. A two-stage torsion pendulum for ground testing free fall conditions on two degrees of freedom[J]. Nuclear and Particle Physics Proceedings, 2017, 291-293: 134-139. "New eyes on the Universe" CRIS 2016 Cosmic Rays International Seminars Proceedings of the Cosmic Rays International Seminars.

[45] 薛大同. 静电悬浮加速度计的地面测试与评定方法综述 [J]. 宇航学报, 2011, 32(8): 1655-1662.

[46] Pollack S E, Schlamminger S, Gundlach J H. Temporal Extent of Surface Potentials between Closely Spaced Metals[J]. Physical Review Letters, 2008, 101: 071101.

[47] Cavalleri A, Ciani G, Dolesi R, et al. Increased Brownian Force Noise from Molecular Impacts in a Constrained Volume[J]. Physical Review Letters, 2009, 103: 140601.

[48] Stanga R, Marconi L, Grimani C, et al. Double degree of freedom pendulum facility for the study of weak forces[J]. Journal of Physics: Conference Series, 2009, 154: 012032.

[49] Carbone L, Ciani G, Dolesi R, et al. Upper limits to surface-force disturbances on LISA proof masses and the possibility of observing galactic binaries[J]. Physical Review D, 2007, 75: 042001.

[50] Carbone L, Cavalleri A, Dolesi R, et al. Achieving Geodetic Motion for LISA Test Masses: Ground Testing Results[J]. Physical Review Letters, 2003, 91: 151101.

[51] Tu H B, Bai Y Z, Zhou Z B, et al. Measurement of Magnetic Properties of an Inertial Sensor with a Torsion Balance[J]. Chinese Physics Letters, 2009, Vol. 26, 040403.

[52] Tu H B, Bai Y Z, Zhou Z B, et al. Electrostatic-control performance measurement of the inertial sensor with a torsion pendulum[J]. Journal of Physics Conference Series, 2009, 154(1): 012036.

[53] Zhou Z B, Gao S W, Luo J. Torsion pendulum for the performance test of the inertial sensor for ASTROD-I[J]. Classical and Quantum Gravity, 2005, 22(10): 537-542.

[54] Tan D Y, Yin H, Zhou Z B. Seismic Noise Suppression for Ground-Based Investigation of an Inertial Sensor by Suspending the Electrode Cage[J]. Chinese Physics Letters, 2015, 32(9): 090401.

[55] Zhou Z B, Bai Y Z, Tan D Y, et al. A two-stage electrostatic controlled torsion pendulum facility to investigate performances of an inertial sensor[J]. Lisa, 2015, 467: 235.

[56] Tu H B, Bai Y Z, Zhou Z B, et al. Performance measurements of an inertial sensor with a two-stage controlled torsion pendulum[J]. Classical and Quantum Gravity, 2010, 278087 (20): 205016-205017.

[57] Touboul P, Foulon B. ASTRE accelerometer. Verification tests in drop tower Bremen[C]. Proceeding of Drop Tower Days in Bremen, Germany, 1996.

[58] Kampen P V, Kaczmarczik U, Rath H J. The new Drop Tower catapult system[J]. Acta Astronautica, 2006, 59(1/5): 278-283.

[59] Bortoluzzi D, Foulon B, Marirrodriga C G, et al. Object injection in geodesic conditions: Inflight and on-ground testing issues[J]. Advances in Space Research, 2010, 45(11): 1358-1379.

[60] 张孝谦，袁龙根，吴文东，等．国家微重力实验室百米落塔实验设施的几项关键技术［J］．中国科学．E 辑，技术科学，2005，35(005)：523-534.

[61] Lenoir B, Christophe B, Reynaud S. Experimental demonstration of bias rejection from electrostatic accelerometer measurements[J]. Measurement, 2013, 46(4): 1411-1420.

[62] Touboul P, Foulon B, Clerc G L. STAR, The accelerometer of the geodesic mission CHAMP[C]. Proceedings of 49th Internatinal Astronautical Congress, 1998.

[63] Lafargue L, Rodrigues M, Touboul P. Towards low-temperature electrostatic accelerometry [J]. Review of Scientific Instruments, 2002, 73 (1): 196-202.

[64] Bernard A, Touboul P. Development of the high sensitivity GRADIO accelerometers-The Aristoteles gradiometer mission preparation[C]. Proceedings SITEF 91, 1991.

[65] Li G, Wu S C, Zhou Z B, et al. Design and validation of a high-voltage levitation circuit for electrostatic accelerometers [J]. Review of Scientific Instruments, 2013, 84 (12): 125004.

[66] 李归．基于高压悬浮方案的静电加速度计地面研究［D］．武汉：华中科技大学，2014.

[67] 陈光锋，霍红庆，王佐磊，等．静电悬浮加速度计地面高压悬浮原理与应用 [J]．中国空间科学技术，2015，35(5)：56-63.
[68] 范达．星载静电悬浮加速度计的系统及电路设计与地面实验研究 [D]．北京：清华大学，2013.
[69] 刘力．惯性传感器扭摆测试中地面振动和放电金丝的影响研究 [D]．武汉：华中科技大学，2012.
[70] 涂海波．静电悬浮加速度计的地面性能测试 [D]．武汉：华中科技大学，2006.
[71] Collette C，Janssens S，Fernandez-Carmona P，et al. Review：Inertial Sensors for Low-Frequency Seismic Vibration MeasurementReview：Inertial Sensors for Low-FrequencySeismic Vibration Measurement[J]. Bulletin of the Seismological Society of America，2012，102(4)：1289-1300.
[72] Zhou Z B，Fan S H，Long F，et al. Improved low frequency seismic noise isolation system for gravitational wave detectors[J]. Review of Scientific Instruments，1998，69(7)：2781-2784.
[73] Zhou Z B，Luo J，Fan S H. Three-stage low-frequency seismic noise active damping system with a quasi-fixed reference system for gravitational wave detection[J]. Physics Letters A，1999，253(1)：1-6.
[74] Matichard F，Lantz B，Mittleman R，et al. Seismic isolation of Advanced LIGO：Review of strategy，instrumentation and performance[J]. Classical and Quantum Gravity，2015，32(18)：185003.
[75] Matichard F，Lantz B，Mason K，et al. Advanced LIGO two-stage twelve-axis vibration isolation and positioning platform. Part 1：Design and production overview[J]. Precision Engineering，2015，40：273-286.
[76] Matichard F，Lantz B，Mason K，et al. Advanced LIGO two-stage twelve-axis vibration isolation and positioning platform. Part 2：Experimental investigation and tests results[J]. Precision Engineering，2015，40：287-297.
[77] Chin E，Dumas J，Zhao C，et al. AIGO High Performance Compact Vibration Isolation System[J]. Journal of Physics：Conference Series，2006，32：111-116.
[78] Dumas J C，Ju L，Blair D G. Modelling of tuning of an ultra low frequency Roberts Linkage vibration isolator[J]. Physics Letters A，2010，374(36)：3705-3709.
[79] Bosetti P，Biral F，Bortoluzzi D. Design，manufacturing，and performance verification of a Roberts linkage for inertial isolation[J]. Precision Engineering，2014，38(1)：138-147.
[80] Dumas J C，Lee K T，Winterflood J，et al. Testing of a multi-stage low-frequency isolator using Euler spring and self-damped pendulums[J]. Classical and Quantum Gravity，2004，21(5)：S965-S971.
[81] Losurdo G，Bernardini M，Braccini S，et al. An inverted pendulum preisolator stage for the VIRGO suspension system[J]. Review of Scientific Instruments，1999，70(5)：2507-2515.

[82] Barton M A, Kanda N, Kuroda K. A low-frequency vibration isolation table using multiple crossed - wire suspensions [J]. Review of Scientific Instruments, 1996, 67 (11): 3994-3999.

[83] Mazza A P, Metcalf W E, Cinson A D, et al. The conical pendulum: the tethered aeroplane[J]. Physics Education, 2006, 42(1): 62-67.

[84] Winterflood J, Losurdo G, Blair D. Initial results from a long-period conical pendulum vibration isolator with application for gravitational wave detection [J]. Physics Letters A, 1999, 263(1): 9-14.

[85] Winterflood J. High performance vibration isolation for gravitational wave detection [D]. Perth 6009, Australia: University of Western Australia, 2001.

[86] Liu L, Ye X, Wu S C, et al. A low - frequency vibration insensitive pendulum bench based on translation - tilt compensation in measuring the performances of inertial sensors [J]. Classical and Quantum Gravity, 2015, 32(19): 195016.

[87] Visser P N A M. Exploring the possibilities for star-tracker assisted calibration of the six individual GOCE accelerometers[J]. Journal of Geodesy, 2008, 82(10): 591-600.

[88] Visser P N A M. GOCE gradiometer: estimation of biases and scale factors of all six individual accelerometers by precise orbit determination [J]. Journal of Geodesy, 2008, 83 (1): 69.

[89] Zhou Z B, Liu L, Tu H B, et al. Seismic noise limit for ground-based performance measurements of an inertial sensor using a torsion balance[J]. Classical and Quantum Gravity, 2010, 27(17): 175012.

第2章　静电悬浮加速度计地面测试噪声来源及需求分析

高精度静电悬浮加速度计具有分辨率高、量程小的特点，适合测量缓慢变化的微弱加速度，可用于测量大气阻力等引起的准稳态加速度，是一种重要的空间非保守力及引力梯度测量仪器，广泛应用于卫星重力测量、等效原理检验，以及空间引力波探测。静电加速度计的分辨率作为加速度计重要的参数之一，其指标也在不断提高，这就使得对于加速度计分辨率指标的测试难度在逐渐提高。由于地面振动噪声水平通常远高于加速度计的分辨率指标，因此，在加速度计地面测试中，地面振动噪声是限制加速度计分辨率测试水平的主要因素，所以设计研制加速度计地面测试隔振平台就显得十分必要。为了有针对性地设计加速度计地面测试隔振平台，首先要了解静电悬浮加速度计的工作原理及地面测试方案中的主要噪声来源。

2.1　静电悬浮加速度计的工作原理及噪声分析

2.1.1　静电悬浮加速度计的工作原理

静电加速度计分为两大部分：机械敏感探头与传感控制电路。机械敏感探头由检验质量和包围在它周围的电容极板框架组成，它的作用是将外界输入加速度的变化转化为检验质量与周围极板之间电容的变化，并利用施加给电容极板的反馈电压控制检验质量与电容极板框架的相对位置。

早期的静电加速度计检验质量为圆球形，这样，检验质量的转动不会影响其平动检测与控制，但是三个平动轴之间的耦合会比较大[1]。目前，高精度的静电加速度计检验质量都采用长方体的检验质量，并严格保证各面之间的垂直度/平行度，这样平动轴之间的耦合会得到有效的控制，同时可以通过在与检验质量相对的面上布置多块电容极板来检测与控制它的扭转运动，从而实现六个自由度的加速度测量。

如果检验质量与电容极板框架的垂直度/平行度得到了有效保证，加速度计六个自由度的检测与控制应该是相互独立的。先以单自由度为例，简单介绍其工作原理。当卫星受到非引力作用时，固连在上面的电容极板框架与处于惯性运动状态的检验质量之间就会产生相对位移；电容位移传感电路通过对检验质量与电容极板电容的检测获得该位置误差信号，控制系统根据该信号的变化实时地给电容极板上加载反馈控制电压，在该电压的作用下，检验质量会被静电力拉着与电容极板框架同步运动。在控制状态下，检验质量与电容极板框架的运动状态相同，而检验质量除了受到引力作用，仅受静电力的作用，因此产生该静电力的反馈电压大小就能够衡量卫星所受非保守力的大小。

对于装载在卫星或其他航天器上的静电加速度计而言，它的电容极板框架与航天器固连在一起，如图 2-1 所示，在惯性参考系中，航天器与加速度计检验质量的运动方程分别表示如下[2]

$$\ddot{x}_{pm} = g_{pm} + F_{ele}/m_{pm} \tag{2-1}$$

$$\ddot{x}_{sc} = g_{sc} + F_{ng}/m_{sc} \tag{2-2}$$

其中，x_{pm} 和 x_{sc} 分别表示检验质量和航天器的位移，g_{pm} 和 g_{sc} 分别表示检验质量和航天器的引力加速度，F_{ele} 表示静电反馈控制力，F_{ng} 表示作用在航天器上的非保守力，m_{pm} 和 m_{sc} 分别表示检验质量和航天器的质量。这里忽略了检验质量受到的扰动加速度的影响。

对于静电悬浮加速度计而言，在控制误差范围内，检验质量和航天器始终保持相对位置不动，这意味着在静电力控制条件下，检验质量和航天器具有相同的加速度，如果二者保持质心重合，忽略引力加速度差，则有

$$F_{ng}/m_{sc} = F_{ele}/m_{pm} \tag{2-3}$$

上式表明，作用在检验质量上的静电反馈控制力可以反映作用在航天器上的非保守力或非保守力引起的加速度，这就是静电悬浮加速度计工作的基本原理。

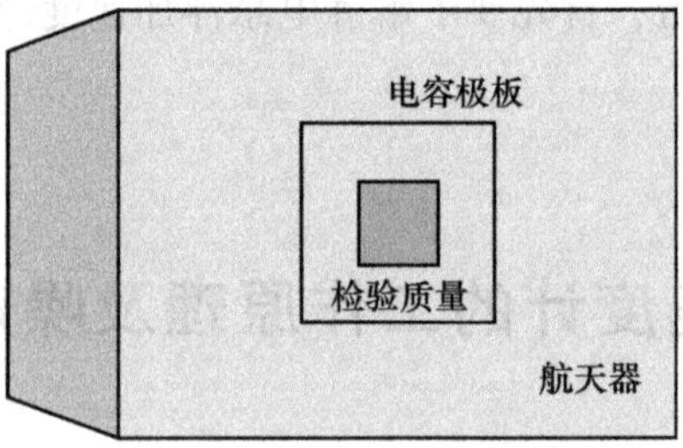

图 2-1　静电悬浮加速度计工作示意图

对于一台典型的静电加速度计而言，其主要由机械敏感探头和电路两个主要部分组成。机械部分的机械敏感探头由电容极板框架和检验质量组成，电路部分主要由信号生成电路、电容位移传感电路、控制反馈电路和读数电路构成，其结构框图如图 2-2 所示[3-7]。静电加速度计在轨工作时，敏感探头内部的检验质量被控制在与卫星平台固连的极板框架中心位置（又称平衡位置），仅通过一根柔软的金丝对检验质量进行放电和载波，以及偏置信号的加载，检验质量任一表面与相对的极板构成平行板电容器。由信号生成电路输出的交流载波电压 v_p 和直流偏置电压 v_b 通过金丝加载在检验质量上[8-9]。其中 v_p 的作用是调制检验质量与极板位置发生变化而产生的电容差信号，同时使传感电路的电感电容桥路工作在高频来抑制运算放大器等半导体器件的低频闪烁噪声（$1/f$ 噪声）。v_b 的作用是使检验质量获得直流电位，使静电反馈控制执行机坏节线性化。

当卫星因受到非保守力而运动时，检验质量与极板框架会产生相对位移（位移差信号），使极板与检验质量构成的电容器产生电容差信号，电容差信号被 v_p 调制后经过电容位移传感电路的处理得到低频位移残差电压信号。随后，位移残差电压经过控制电路的计算得到控制电压信号，再通过正、反向比例反馈电压放大电路得到互为正负的两个反馈电压信号。最后，正负反馈电压信号施加到相对的电容极板上，分别与检验质量上的偏置电压形成电势差，产生足够大的反馈静电力将检验质量拉回平衡位置。在六自由度闭环工作

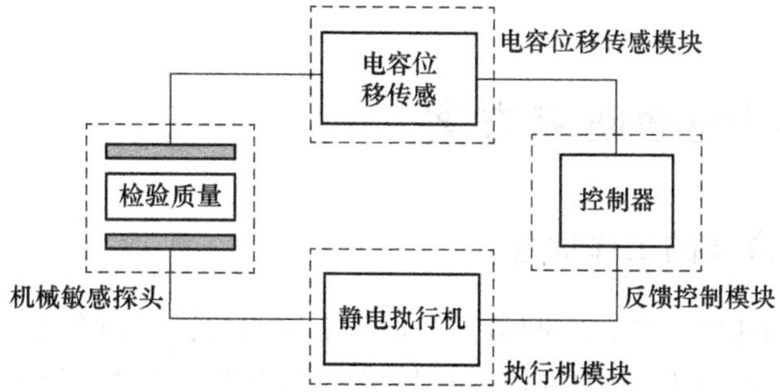

图 2-2　静电加速度计结构框图

模式下，检验质量始终控制在平衡位置，实时的反馈静电力等于检验质量的惯性力。读数电路能读取反馈电压信号并传输至上位机采集系统，反馈电压信号乘以执行机灵敏度系数即得到反馈加速度的值。

2.1.2　静电悬浮加速度计六自由度测量

静电加速度计的优势之一是它可以同时实现 6 个自由度的加速度测量，它的基本原理是将检验质量周围的多块电容极板与它之间的电容变化组合得到检验质量在电容极板框架之间的相对位置及姿态，然后通过在不同的电容极板上施加相应的控制电压将检验质量控制到电容极板框架的中心。

为了实现静电悬浮加速度计的六自由度检测与控制，其传感探头设计如图 2-3 所示。图中给出了静电悬浮加速度计电容极板相对于检验质量的安装示意及坐标定义，一共有 12 块电容极板，编号分别为 x_1，x_2，x_3，x'_1，x'_2，x'_3，z_1，z_2，z'_1，z'_2，y，y'。其中，坐标定义 X，Y，Z 表示三个平动，R_X，R_Y，R_Z 表示三个转动（符合右手螺旋法则）。从图中可以看到，12 块电容极板与检验质量共构成 6 对差分电容，通过对各对差分电容的变化进行检测并进行合理的组合就可以得到检验质量相对于电容极板框架 6 个自由度的位移，同理可以通过在各极板上加上合适的控制电压来实现对检验质量 6 个自由度的控制。如果检验质量密度均匀，各相邻面之间严格垂直，并且各相对的电容极板的形状完全相同且分布对称，则检验质量 6 个自由度的位移检测与控制可以完全解耦。

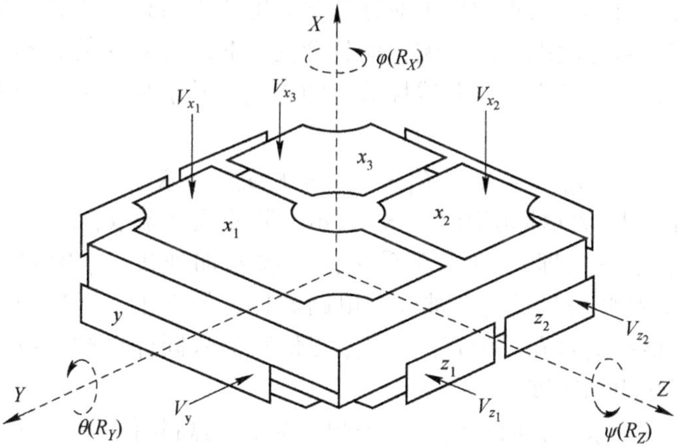

图 2-3　加速度计传感探头结构图

2.2 高压悬浮地面研究方案

2.2.1 高压悬浮方案的工作原理

由于静电悬浮加速度计是在空间微重力环境下使用的，其动态范围一般只有 10^{-4} 量级甚至更低，因此，在地面 $1g$ 重力加速度计环境下无法正常工作。高压悬浮方案是进行静电悬浮加速度计地面研究的一个重要手段，其基本原理如图 2-4 所示，在检验质量竖直方向电容极板上施加高电压，从而在竖直方向上形成强电场，以利用电场力平衡自身的重力，可实现加速度计检验质量在电容极板框架内的长时间悬浮，进而可以对加速度计的各项性能指标进行检验。

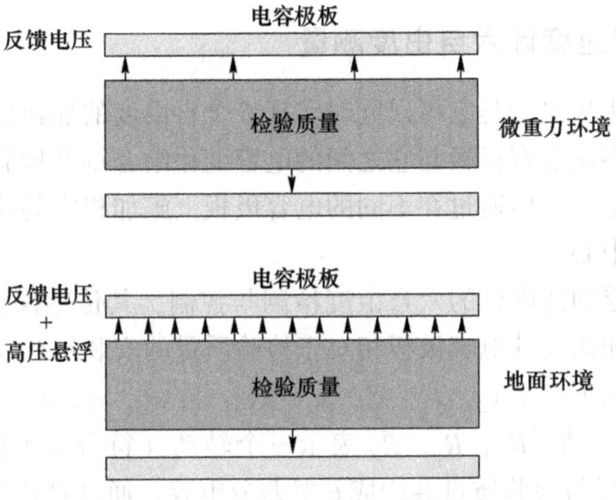

图 2-4　高压悬浮方案的基本原理

2.2.2 高频振动耦合噪声

在实际工况中，加速度计是一个非线性系统，其非线性效应的主要来源有三个：检验质量在极板中位置不对称、极板面积不对称及反馈电压不对称。因此，加速度计的输出加速度不仅会受到偏值和标度因子的影响，而且会受到非线性效应的影响。对于六自由度静电悬浮加速度计而言，只考虑二阶非线性效应的影响，其水平自由度加速度计的输出可以表示为

$$a_{\text{out},\ i} = K_0 + K_1 \cdot a_{\text{in},\ i} + K_2 a_{\text{in},\ i}^2 + K_{ij} a_{\text{in},\ j} \tag{2-4}$$

其中，K_0 表示偏值，K_1 表示标度因素，K_2 表示二阶非线性系数，K_{ij} 表示正交耦合系数。

假如加速度计为一个理想的线性系统，当输入加速度 a_{in} 中存在一个高频信号，$A_n \sin(2\pi f_n)$ 时，此高频信号最终会被滤波电路滤掉，但由于二次项的存在，此高频信号会被分解成一个 2 倍频信号和一个直流分量，2 倍频信号同样会被滤波电路滤掉，但是直流分量最终留在了输出加速度 a_{out} 中。

在加速度计的一个水平方向上引入一个频率为 f_n 的高频信号 $A_n \sin(2\pi fn)$，把它代入上式

$$
\begin{aligned}
a_{\text{out},\,i} = & K_0 + K_1[a_{\text{in},\,i} + A_n\sin(2\pi f_n\cdot t)] + K_2[a_{\text{in},\,i} + A_n\sin(2\pi f_n\cdot t)]^2 + K_{ij}a_{\text{in},\,j} = \\
& K_0 + K_1a_{\text{in},\,i} + K_2a_{\text{in},\,i}^2 + K_{ij}a_{\text{in},\,j} + K_1A_n\sin(2\pi f_n\cdot t) + 2K_2a_{\text{in},\,i}A_n\sin(2\pi f_n\cdot t) + \\
& K_2A_n^2\sin^2(2\pi f_n\cdot t) = \\
& K_0 + K_1a_{\text{in},\,i} + K_2a_{\text{in},\,i}^2 + K_{ij}a_{\text{in},\,j} + K_1A_n\sin(2\pi f_n\cdot t) + 2K_2a_{\text{in},\,i}A_n\sin(2\pi f_n\cdot t) + \\
& \frac{1}{2}K_2A_n^2\cos(4\pi f_n\cdot t) + \frac{1}{2}K_2A_n^2
\end{aligned} \tag{2-5}
$$

其中，$f_n \gg a_{\text{cutoff}}$，$a_{\text{cutoff}}$ 是加速度计闭环控制带宽，因此上式中的 f_n 频率信号最终都被滤掉，而直流项 $\frac{1}{2}K_2A_n^2$ 保留下来在加速度计的输出端。因此，高频信号 $A_n\sin(2\pi f_n)$ 就通过二次项系数影响了加速度计的输出加速度。

为了验证高频振动耦合噪声，在加速度计地面扭摆测试中，通过增大加速度计的测量带宽来引入地面高频振动噪声，观察静电加速度计的噪声响应情况。实验中分别选用了 1.0Hz、2.8Hz 和 4.7Hz 的测量带宽对加速度计的噪声进行测试，对比结果如图 2-5 所示。从图中可以看出，随着测量带宽的增大，摆台在低频段 0.01～0.1Hz 的噪声水平也随之升高，由此可见，较大的加速度计测量带宽会引入高频振动噪声，由于二次项的存在，会在加速度计的输出项中产生一个直流量，从而影响加速度计的噪声水平。

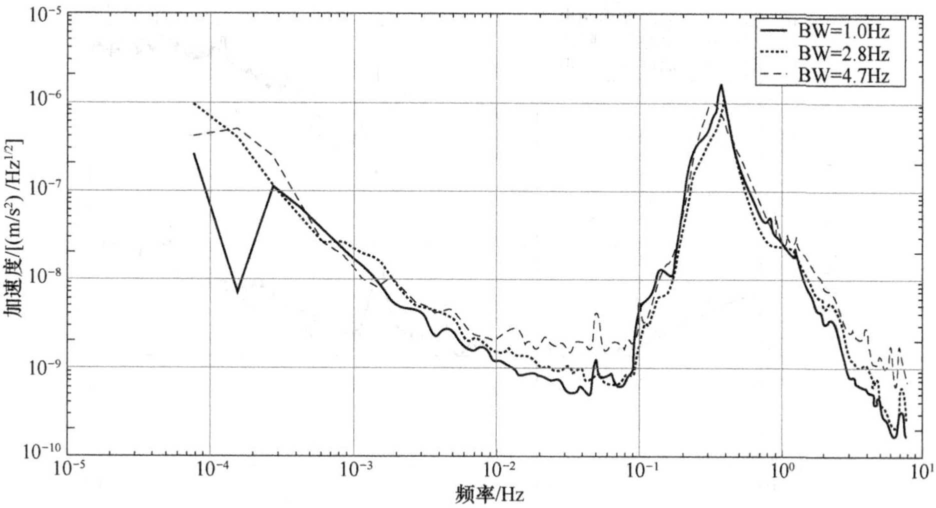

图 2-5　不同带宽下加速度计扭摆噪声测试

2.2.3　扭转运动耦合噪声

在实际测试中，加速度计测试摆台不仅存在水平方向振动加速度，而且存在扭转运动加速度，当静电悬浮加速度计的检验质量刚好处在测试平台的扭转轴上时，加速度计电容极板会跟随测试平台做扭转运动，如图 2-6 左图所示。由于静电悬浮加速度计中检验质量周围分布六对电容极板，可以实现六自由度控制，因此，当扭转加速度没有超过加速度计扭转控制范围时，检验质量会被控制在电容极板中心。当静电悬浮加速度计的检验质量偏移测试平台的扭转轴线一定距离时，平台的扭转加速度会使加速度计产生一个线加速度，线加速度是以扭转转轴为中心、偏移距离为半径的圆周切线方向上的切向加速度，如图

2-6 右图所示。此时，水平方向电容极板会产生静电力，控制检验质量处在电容极板中心，这就使得平台的扭转加速度耦合到了加速度计水平方向加速度中，从而影响加速度计水平方向的分辨率测试。

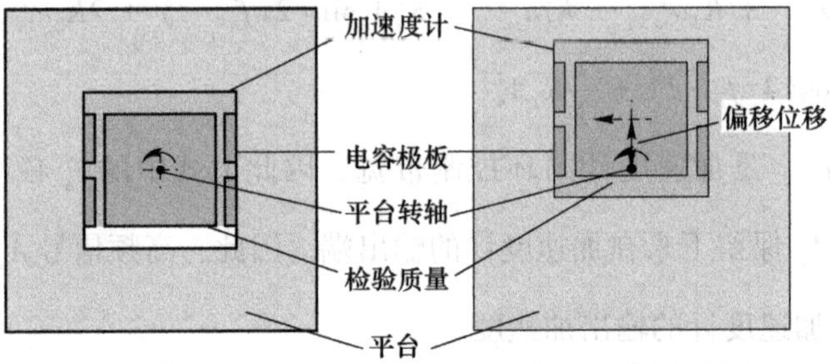

图 2-6 加速度计测试摆台扭转运动耦合原理图

为了验证扭转运动耦合噪声模型的正确性，在加速度计测试摆台上进行了不同安装位置的摆台噪声测试，噪声测试仪器采用商用的三分向速度计，对摆台的水平运动噪声进行测量，测量位置分别选在摆台正中心和偏移摆台正中心一定位置处，测量结果如图 2-7 所示。

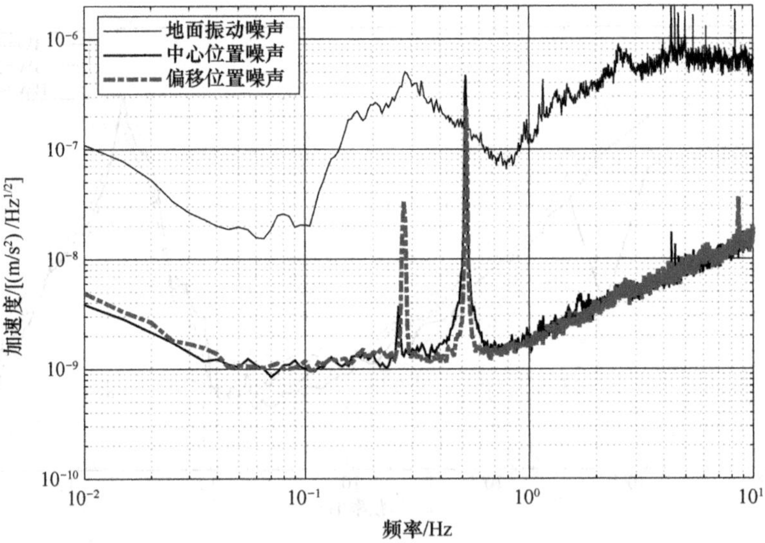

图 2-7 加速度计不同安装位置摆台噪声测试对比

图 2-7 中，细实线表示测试环境中的地面振动噪声，粗实线表示测试速度计放置在摆台正中心时测得的摆台水平加速度噪声，虚线表示测试速度计偏移摆台正中心一定位移后测得的摆台水平加速度噪声。对比三条曲线可以看出，测试摆台的噪声相比于地面振动噪声有了明显的降低，在频率 0.5Hz 和 0.27Hz 处的共振峰分别是摆台的摆动共振峰和扭转共振峰；对比各曲线可以发现，测试速度计偏移摆台正中心位置后，扭转共振峰峰值明显升高，表明扭转运动耦合噪声明显提高。这一测试结果验证了加速度计测试摆台的扭转运动耦合噪声会随着测试位置偏移摆台正中心的位移增大而增大。

2.3　噪声需求分析

高精度静电悬浮加速度计可以实现 6 个自由度的运动测量，理论上，高精度静电悬浮加速度计的测量输出与外界输入加速度呈线性关系。实际上，高精度静电悬浮加速度计的测量输出与静电加速度计的零偏、标度因子、二阶非线性系数、耦合因子等有关。二阶非线性系数将高频噪声引入静电加速度计测量的低频带，影响静电加速度计的分辨率水平。针对高精度静电悬浮加速度计，当分辨率需求水平达到 $10^{-12}(m/s^2)/Hz^{1/2}$ 甚至更高时，二阶非线性的影响不可忽略。重力卫星 GOCE 在轨测得的二阶非线性系数约为 $685m/s^2$，当外界输入加速度在 $10^{-6}m/s^2$ 量级时，二阶非线性项的影响达到 $10^{-10}m/s^2$，直接影响静电加速度计的分辨率需求 $10^{-12}(m/s^2)/Hz^{1/2}$。同时，在地面扭摆实验测试中，通过实验数据也真实观测到二阶非线性效应将地面振动的高频信号带入加速度测量的低频带宽，影响静电加速度计扭摆测试的分辨率水平。为了研制高精度的静电悬浮加速度计，二阶非线性效应不可忽略，下面将从理论和实验两方面研究二阶非线性效应的影响，进而分析环境噪声需求。

2.3.1　加速度计非线性效应理论建模

从静电加速度计的机械结构上分析可知，其二阶非线性项来源主要有三项：电容位移传感电路的零偏、电容极板面积不对称和反馈电压不对称。二阶非线性效应的影响从加速度计在轨测量数据和地面测试数据中都可以观测到，但是没有理论模型能够解释这一效应。为了评估加速度计二阶非线性效应的影响，进而分析在加速度计地面测试中由二阶非线性效应引入的地面振动耦合噪声大小，从而针对静电加速度计不同的性能指标提出相应的地面振动噪声抑制需求，这里从静电加速度计的数学模型入手分析二阶非线性项的影响。

忽略高阶项和交叉耦合项，静电加速度计的输出与输入加速度的关系为

$$a_{i,\ \mathrm{out}} = b_i + s_i a_{i,\ \mathrm{in}} + c_i a_{i,\ \mathrm{in}}^2 \tag{2-6}$$

其中，$a_{i,\mathrm{out}}$ 为静电加速度计的第 i 个自由度的输出；b_i 是零偏；s_i 是标度因子，是归一化量纲一（无量纲）系数，其值约为 1；c_i 是二阶非线性系数；$a_{i,\mathrm{in}}$ 是外界输入加速度计。

由静电加速度计的测量原理可知，加速度计中检验质量块所受的静电力与外界非保守力平衡。在加速度计的控制带宽内，静电加速度计的闭环传递函数为

$$H_{\mathrm{close}} = \frac{a_{i,\ \mathrm{out}}}{a_{i,\ \mathrm{in}}} \approx 1 \tag{2-7}$$

静电力产生的对应静电加速度约等于外界输入加速度，即 $a_{i,f} \approx a_{i,\mathrm{in}}$。静电力产生的对应静电加速度用反馈电压表示，同时忽略高阶项，可表示为

$$a_{i,\ f} \approx a_{i,\ \mathrm{in}} = G_{i,\ 0} + G_{i,\ 1} V_{f,\ i} + G_{i,\ 2} V_{f,\ i}^2 \tag{2-8}$$

其中，$G_{i,0}$ 是反馈执行机的零偏，$G_{i,1}$ 是灵敏度系数，$G_{i,2}$ 是二次项系数，$V_{f,i}$ 是反馈电压（加速度计的科学输出量）。通过泰勒展开近似求解，可以得出反馈电压的表达式为

$$V_{f,i} = \frac{(G_{i,1}^2 - 4G_{i,2}G_{i,0})^{1/2} - G_{i,1}}{2G_{i,2}} + \frac{1}{(G_{i,1}^2 - 4G_{i,2}G_{i,0})^{1/2}}a_{i,in} - \frac{G_{i,2}}{(G_{i,1}^2 - 4G_{i,2}G_{i,0})^{3/2}}a_{i,in}^2 \tag{2-9}$$

已知静电加速度计的实际输出为反馈执行机电压，所以静电加速度计的输出 $a_{i,out}$ 与反馈电压 $V_{f,i}$ 的关系为

$$a_{i,out} = G_{i,1}V_{f,i} \tag{2-10}$$

将反馈电压的表达式代入上式，然后与式（2-6）对比可得，静电加速度计的输出表达式中的系数 b_i、s_i 和 c_i 与静电加速度的表达式中的系数 $G_{i,0}$、$G_{i,1}$和 $G_{i,2}$ 的关系为

$$\begin{cases} b_i = \dfrac{G_{i,1}(G_{i,1}^2 - 4G_{i,2}G_{i,0})^{1/2} - G_{i,1}^2}{2G_{i,2}} \\ s_i = \dfrac{G_{i,1}}{(G_{i,1}^2 - 4G_{i,2}G_{i,0})^{1/2}} \\ c_i = -\dfrac{G_{i,1}G_{i,2}}{(G_{i,1}^2 - 4G_{i,2}G_{i,0})^{3/2}} \end{cases} \tag{2-11}$$

由于 $s_i \approx 1$，且 $G_{i,0}$、$G_{i,2}$ 为小量，因此静电加速度计的二次项系数可以进一步近似为

$$c_i = -\frac{G_{i,2}}{G_{i,1}^2} \tag{2-12}$$

由此表达式可以计算静电加速度计的二阶非线性系数。

2.3.2 加速度计二次项标定

根据二次项系数校准基本原理，在反馈电压信号中施加一个预知的高频信号，通过比较该高频信号有和无的情况下加速度计测量带宽内的响应来计算二阶非线性系数[10]。在加速度计的控制单元的输出端施加一个已知幅值的高频正弦信号 $V_0\sin(\omega_m t)$，其频率远高于加速度计的测量带宽，为了保证施加该高频信号后，高频分量能被闭环传递函数滤波，只保留直流分量，如图 2-8 所示。其中，H_m、H_s、H_c、H_a 和 H_V 分别表示检验质量块、电容传感、控制单元、反馈执行机、反馈回路中电压放大环节的传递函数，$V_{f,i}$ 是加速度计的科学输出量。

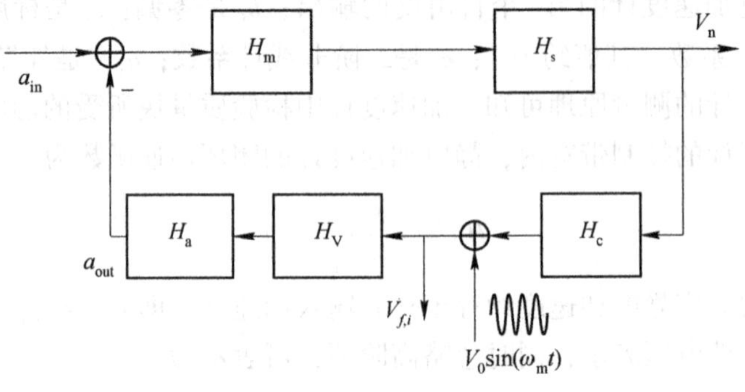

图 2-8 加速度计闭环中周期性施加已知高频正弦信号

实际高频信号的有和无是通过周期的开和关来实现的。理论上施加一段周期为 T_s 的

高频正弦信号，在反馈电压中会对应产生一个周期性的涨落。在实际仿真与实验中，为了抑制时域的过冲效应及频域的频谱泄漏现象，需要对周期性的标定信号做加窗处理[11-14]。如图 2-9 所示，a_0 是高频正弦电压幅值 V_0 对应的加速度，高频信号的开关频率远小于加速度计的测量带宽。在频域中，该开关频率处的幅值体现了高频信号有和无的情况下，加速度计测量频带内响应的差值，根据这个差值计算二阶非线性项。

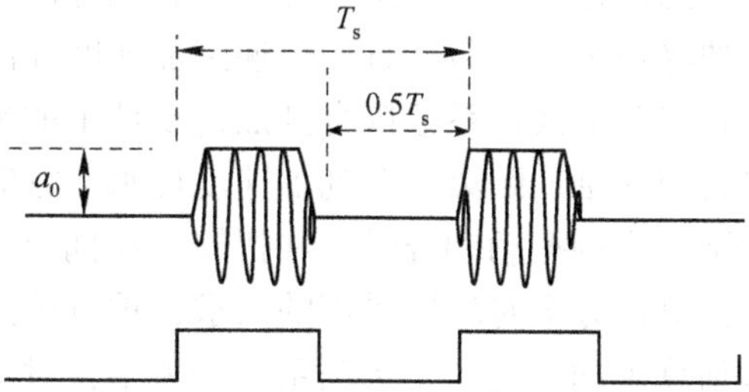

图 2-9　加速度计输出对应的周期响应

假设在施加高频正弦信号前后外界输入加速度不变，则施加高频正弦信号前后加速度计的输出可表示为

$$\begin{cases} a_{i,\ \mathrm{out1}} = b_i + s_i a_{i,\ \mathrm{in}} + c_i a_{i,\ \mathrm{in}}^2 \\ a_{i,\ \mathrm{out2}} = b_i + s_i a_{i,\ \mathrm{in}} + c_i a_{i,\ \mathrm{in}}^2 + \dfrac{1}{2} c_i a_0^2 \end{cases} \tag{2-13}$$

上面两式相减可以得到二次项系数的表达式为

$$c_i = \frac{2\Delta a_{i,\ \mathrm{out}}}{a_0^2} \tag{2-14}$$

其中，$\Delta a_{i,\mathrm{out}} = a_{i,\mathrm{out2}} - a_{i,\mathrm{out1}}$，为高频信号开关频率 $1/T_s$ 处的幅值，a_0 为已知施加的高频信号电压对应的加速度值，根据上式即可求出二次项系数 c_i 的大小。

为了验证高频振动耦合噪声的大小，对二阶非线性系数的大小进行评估实验。实验方案采用二级扭摆测试方案，通过修改 FPGA 软件在反馈电压处施加已知高频信号，频率为 0.01Hz。施加已知高频信号后，静电加速度计的反馈电压输出时域曲线及其频域幅值特性曲线看不到明显的周期信号，频域上在开关频率 0.01Hz 处存在明显的峰，该峰值即二阶非线性效应，通过正交解调提取开关频率 0.01Hz 处的幅值大小，该峰值解调出的电压对应的加速度即 $\Delta a_{i,\mathrm{out}}$ 的值[15]。

实验中设置高频正弦信号施加到极板上的电压约为 0.28V，对应的加速度 a_0 为 $1.57\times10^{-7}\mathrm{m/s^2}$。将解调出的 0.01Hz 处的电压对应的加速度 $\Delta a_{i,\mathrm{out}}$ 和已知的 a_0 的值代入式（2-14）即可求得加速度计的二次项的绝对值为 $1.67\times10^4\mathrm{m/s^2}$。

根据计算得出的加速度计二次项系数的大小，假定二次项绝对值在 $10^4\mathrm{s^2/m}$ 量级时，对于 $10^{-10}(\mathrm{m/s^2})/\mathrm{Hz}^{1/2}$ 测量分辨率的静电加速度计而言，其对高频振动噪声的要求是 $10^{-8}(\mathrm{m/s^2})/\mathrm{Hz}^{1/2}$ 量级水平，同时对静电加速度计测量频带内的低频振动噪声要求要优于 $10^{-10}(\mathrm{m/s^2})/\mathrm{Hz}^{1/2}$ 量级水平，这对隔振平台提出了很高的要求。

2.4 本章小结

本章首先介绍了静电悬浮加速度计的工作原理及加速度计六自由度测量策略，随后详细介绍了静电加速度计高压悬浮地面测试方案，分析了高压悬浮静电加速度计地面测试原理，以及地面测试中的主要噪声来源，包括直接传递到加速度计测量带宽内的地面低频振动噪声。通过静电加速度计二阶非线性系数耦合到加速度计中的地面高频振动噪声，以及通过加速度计偏移测试平台扭转轴的距离耦合到加速度计水平方向的测试平台扭转加速度噪声。同时，设计实验验证了高频振动耦合噪声和扭转运动耦合噪声的影响。最后分析了静电加速度计高压悬浮地面测试方案对环境噪声的需求，重点论述了二阶非线性效应的理论建模及实验验证，初步估算了加速度计二次项系数的大小，对加速度计地面测试中地面振动噪声抑制提出了明确的需求。

参考文献

[1] Touboul P, Foulon B, Bernard A. Electrostatic Servocontrolled Accelerometers for Futre Space Missions, Futre Fundamental Physics Missions in Space and Enabling Technologies [R]. Proceedings of El Escroial, Spain, April, 1994.

[2] 白彦峥. 静电悬浮加速度计检测与控制电路研究 [D]. 武汉：华中科技大学, 2010.

[3] Nati M, Bernard A, Foulon B, et al. ASTRE-A Highly Performant Accelerometer for the Low Frequency Range of the Microgravity Environment[C]. International Conference On Environmental Systems. 1994.

[4] 白彦峥, 田蔚, 周泽兵, 等. 高精度空间加速度计及其应用 [J]. 空间科学学报, 2010, 30(006): 601-606.

[5] 周泽兵, 高尚伟, 罗俊. 静电悬浮加速度计及其在空间重力场探测中的应用 [C]. 大地测量与地球动力学进展论文集. 2004.

[6] Josselin V, Touboul P, Kielbasa R. Capacitive detection scheme for space accelerometers applications[J]. Sensors and Actuators A Physical, 1999, 78(2-3): 92-98.

[7] Gan L. LTP IS FEE Sensing Channel: Front-End Modeling and Symmetry Adjustment Method[J]. IEEE Sensors Journal, 2012, 12(5): 1071-1077.

[8] Liu L, Bai Y Z, Zhou Z B, et al. Measurement of the effect of a thin discharging wire for an electrostatic inertial sensor with a high-quality-factor pendulum[J]. Classical and Quantum Gravity, 2012, 29(5): 055010.

[9] Willemenot E, Touboul P. On-ground investigation of space accelerometers noise with an electrostatic torsion pendulum [J]. Review of Scientific Instruments, 2000, 71 (1): 302-309.

[10] Koop R, Visser P, Tscherning C C. Aspects of GOCE calibration[C]. Proceedings of the International GOCE User Workshop, 2001.

[11] Qu S B, Xia X M, Bai Y Z, et al. Self-calibration method of the bias of a space electrostatic accelerometer[J]. Review of Scientific Instruments, 2016, 87(11): 410-423.

[12] Ma Y, Bai Y Z, Li H Y, et al. Identification and compensation of quadratic terms of a space electrostatic accelerometer[J]. Review of Scientific Instruments, 2018, 89(11).

[13] 祝竺. 高精度空间静电重力梯度仪方案设计 [D]. 武汉：华中科技大学, 2013.

[14] 吴镇扬. 数字信号处理 [M]. 北京：高等教育出版社, 2016.

[15] 马云. 基于嵌入模型的高精度空间静电加速度计设计与验证 [D]. 武汉：华中科技大学, 2019.

第 3 章　加速度计地面测试中地面隔振理论建模与分析

在地面对静电悬浮加速度计进行性能评估是加速度计开展在轨实验之前必须要进行的验证实验。其难点在于地面重力加速度远超出其量程，如何补偿地面 1g 重力加速度，同时抑制地面振动等环境噪声对加速度计的影响，模拟在轨检验质量相对航天器的运动是加速度计研究的一大难点。

目前，静电悬浮加速度计地面性能研究方案主要有悬丝悬挂、高压悬浮及自由落体，三种方案各有其测试的重点指标，悬丝悬挂方案主要的目的是用悬丝的张力来平衡检验质量所受到的重力，从而使检验质量在某些方向上能够相对自由地运动，以便在地面上实现对这些自由度的长时间测试，同时该方案利用了单摆的特性，可以有效地隔离地面振动。下面首先分析一下悬丝悬挂方案中的地面振动方案。

3.1　悬丝悬挂方案对地面振动的抑制

对于面向不同任务设计的静电悬浮加速度计或对静电悬浮加速度计的不同自由度而言，可以有不同的悬挂方式。结构最简单的方式就是直接用一根细丝将检验质量悬挂起来，由于细丝的扭转刚度非常小，检验质量在扭转方向上能够自由运动。在很多应用中，悬丝扭转刚度产生的效应都不至于影响静电悬浮加速度计的工作状态，因此这种方式至少可以实现对静电悬浮加速度计一个扭转自由度的测试。结合对扭转自由度进行检测或控制的电容极板间距采用这种方式也可以分析其平动自由度的性能[1-3]。

由于悬丝的长度有限，由重力引起的检验质量在平动方向的回复刚度比较大，对于分辨率很高的某些静电悬浮加速度计来说，该刚度可能会改变它在该自由度的工作状态，因此不能直接采用这种方式对其平动方向进行测试。但是对于量程相对较大的加速度计，由于其反馈执行机的静电负刚度非常大，可能已经远大于重力引入的回复刚度，因此采用这种悬挂方法仍然可以实现对其三个自由度的同时测试。

总之，将扭摆与扭秤进行不同的组合就可以得到不同的悬挂方式，但无论哪种悬挂方式，待测静电悬浮加速度计的电容极板框架总是放置在地面上，其检验质量与地面之间也总是存在连接，所以一方面这里的机械敏感环节与实际工作的静电悬浮加速度计可能有一些差别；另一方面采用悬丝悬挂方案对静电悬浮加速度计进行测试也会受到地面振动的影响。

基于二级扭摆模型的多级摆悬挂系统是为了模拟空间运行状态下静电悬浮加速度计中检验质量自由悬浮的状态而开发的地面测试系统，其等效模型如图 3-1 所示[4-7]。它的结构为用悬丝悬挂一扭摆结构（第一级扭摆），在扭摆的一端悬挂静电悬浮加速度计的检验质量（第二级扭摆），另一端配置相同质量的配平质量块，利用一级扭摆的扭转运动实现检验质量水平方向的平动，该自由度的平动回复刚度主要取决于第一级悬丝的扭转刚度，通过研制较细的悬丝以获得较小的扭转刚度，从而实现静电悬浮加速度计平动自由度的噪声研究。

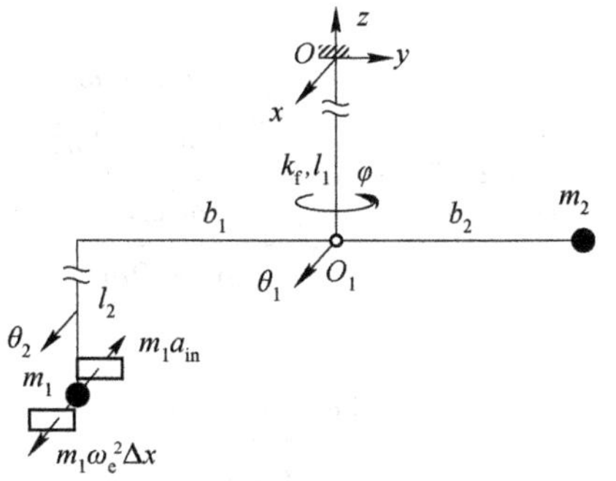

图 3-1　二级扭摆等效模型

为了分析外界地面振动噪声耦合，对二级扭摆结构进行运动学分析得到其传递函数框图，如图 3-2 所示。其中，x_0 表示地面在 x 方向的振动加速度，在静电悬浮加速度计电容极板框架坐标系中，可认为二级扭摆中所有部件单位质量受到的惯性力为$-x_0$。a_{in} 表示在框架坐标系中检验质量受到的外界输入加速度。H_m 为机械敏感传递函数，反映系统开环时检验质量受到的外界加速度$-a_{in}$ 对检验质量在电容极板框架中位移 Δx 的影响。T_m 则反映系统开环时地面振动加速度 x_0 对检验质量在电容极板框架中的位移 Δx 的影响的传递函数，它是地面振动噪声影响静电悬浮加速度计地面研究的根源。

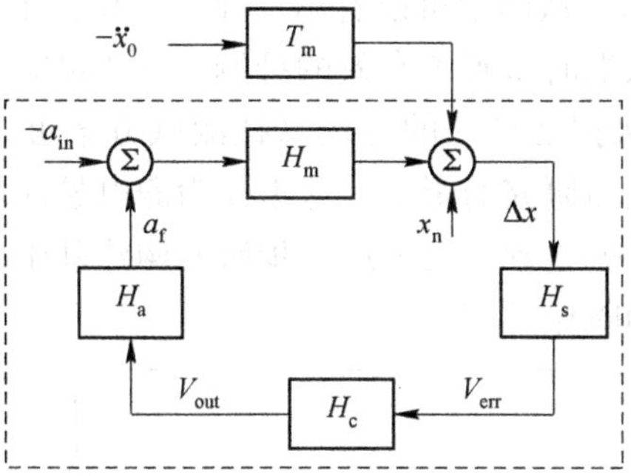

图 3-2　静电悬浮加速度计二级扭摆测试方案框图

为了得到地面振动噪声对检验质量位移影响的传递函数 T_m，利用拉格朗日力学分析方法，可以得到简化的运动方程如下

$$\begin{cases} 2ml_1^2\theta_1 + 2ml_1^2\omega_1^2\theta_1 + ml_1l_2\theta_2 + 2ml_1\ddot{x}_0 = m\omega_e^2\Delta x l_1 - ma_{in}l_1 \\ ml_2^2\theta_2 + ml_2^2\omega_2^2\theta_2 + ml_2b\varphi + ml_1l_2\theta_1 + ml_2\ddot{x}_0 = m\omega_e^2\Delta x l_2 - ma_{in}l_2 \\ 2mb^2\ddot{\varphi} + 2mb^2\omega_0^2\varphi + ml_2b\theta_2 = m\omega_e^2\Delta x b - ma_{in}b \end{cases} \tag{3-1}$$

其中

$$\Delta x = l_1\theta_1 + l_2\theta_2 + b\varphi \tag{3-2}$$

$$\omega_0^2 = k_f/(2mb^2) \tag{3-3}$$

$$\omega_1^2 = g/l_1 \tag{3-4}$$

$$\omega_2^2 = g/l_2 \tag{3-5}$$

为了便于分析，这里将地面振动加速度的影响等效到静电悬浮加速度计的输入端，这样，地面振动加速度与加速度计输入端的等效加速度之间的传递函数 T_m/H_m 经拉普拉斯变换后可以解出

$$\frac{T_m}{H_m} = \frac{\hat{a}_{in}}{\ddot{x}_0} \approx \frac{s^2 + 2\omega_0^2 \dfrac{\omega_1^2 + \omega_2^2}{\omega_1^2 + 2\omega_2^2}}{s^2 + \dfrac{\omega_1^2\omega_2^2}{\omega_1^2 + 2\omega_2^2}} \tag{3-6}$$

当 $0<\omega<\omega_0$ 时，有

$$\frac{T_m}{H_m} \approx \frac{2\omega_0^2(\omega_1^2 + \omega_2^2)}{\omega_1^2\omega_2^2} \tag{3-7}$$

当 $\omega_0<\omega<\omega_1(\omega_2)$ 时，有

$$\frac{T_m}{H_m} \approx \frac{2s^2(\omega_1^2 + \omega_2^2)}{\omega_1^2\omega_2^2} \tag{3-8}$$

当 $\omega_{01}<\omega<\infty$ 时，有

$$\frac{T_m}{H_m} \approx 1 \tag{3-9}$$

从对传递函数 T_m/H_m 的数值分析可以看出，二级扭摆悬挂系统对低频地面振动有着良好的抑制效果，对高频地面振动保持 1∶1 的振动传递效果。选取典型参数绘制 T_m/H_m 幅频特性曲线，如图 3-3 所示。从图中可以看出，在 0.1Hz 以下的低频区域，地面加速度噪声在耦合到加速度计的输入端时得到了有效的抑制，在 1mHz 以下的低频段，抑制比可以达到 80dB。由此可见，二级扭摆悬挂的悬丝悬挂测试方案可以有效地抑制低频地面振动对静电悬浮加速度计噪声地面研究的影响，这不仅为静电悬浮加速度计地面研究中预隔振方法的研究提供了良好的隔振基础，也为进一步研究构建基于二级扭摆模型的多级摆振动噪声耦合模型提供了可靠的隔振模型。

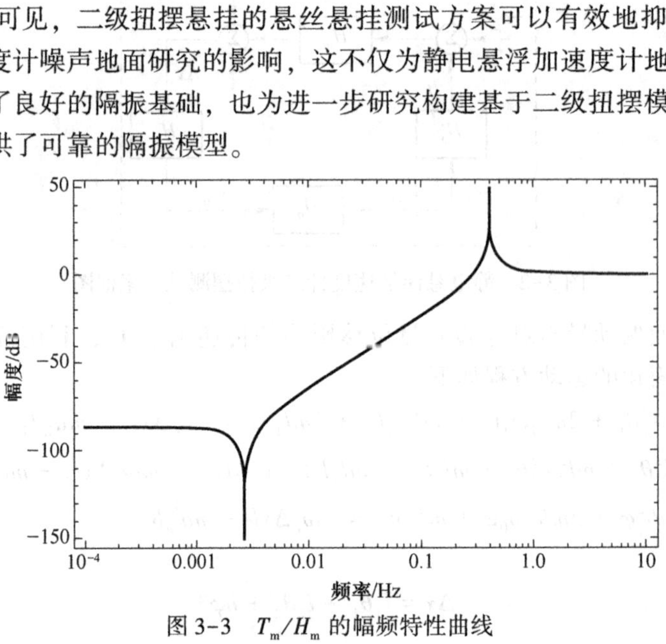

图 3-3　T_m/H_m 的幅频特性曲线

但是，悬丝悬挂地面研究方案始终存在局限性，那就是该方案无法同时对静电悬浮加速度计的6个自由度同时开展研究，因此，无法对加速度计的工程样机进行六自由度检验，所以，开展高压悬浮地面测试方案的研究是对静电悬浮加速度计进行六自由度性能评估测试的重要手段。在高压悬浮测试方案中，地面振动噪声也是限制静电悬浮加速度计性能评估的主要因素，因此，高压悬浮测试隔振平台是高压悬浮方案研究中的一项重要内容。

3.2 高压悬浮测试摆台的隔振原理

静电加速度计高压悬浮地面测试方案是检验静电加速度计六自由度控制策略和测量六自由度控制状态下加速度计分辨率水平的重要手段。该方案下加速度计的分辨率测试水平主要受限于地面振动噪声水平。

基于第2章对静电悬浮加速度计噪声来源的分析了解到，不仅加速度计测量带宽内的低频噪声会直接限制加速度计的噪声测试水平，而且测量带宽外的高频噪声会通过二阶非线性系数耦合到测量带宽，此外，加速度计测试平台的扭转运动也会通过加速度计的安装位置偏差耦合到加速度计的水平方向输出加速度。因此，这里提出了一种基于倾斜补偿原理的加速度计测试摆台，不仅实现了对低频振动的隔离，而且利用撞击中心的原理实现了对高频振动的隔离，同时对加速度计平台上安装位置提出了严格要求。下面详细介绍一下摆台的隔振原理。

3.2.1 倾斜补偿原理

正如弱等效原理的描述：在引力场中自由降落的物体，其运动与结构和组成无关，它可以由惯性质量与引力质量相等推演出来。惯性质量是牛顿第二定律中引入的，其大小表征了物体保持原来状态不变的能力。引力质量是在牛顿万有引力定律中引入的，其大小表征了物体吸引或被吸引的能力。在地面做实验，不可避免会受到地球万有引力的作用。对于一个机械系统而言，它不可区分地球重力加速度和参考系的加速度[8-9]。

对于惯性参考系水平运动引起的惯性加速度，其方向与参考的运动方向相反，现以一个单摆为例，图3-4(a) 展示了单摆悬挂框架水平运动时，单摆摆锤会受到一个方向与框架运动方向相反的惯性力；当单摆悬挂框架发生倾斜时，单摆位置与竖直方向存在一定夹角，此时重力会在水平方向产生一个分力，使得单摆回到竖直方向平衡位置，该重力的分力方向与单摆的悬挂框架倾斜方向相反，如图3-4(b) 所示。因此，想到将单摆悬挂框架的水平运动转化为倾斜运动，利用重力在水平方向的分力来补偿框架水平运动产生的惯性力。如图3-4(c) 所示，将单摆悬挂框架悬挂起来，保证框架在水平方向可以自由摆动，当外界存在水平方向加速度时，由于单摆悬挂框架是自由悬挂的，此时框架会沿外界水平加速度相反方向摆动，单摆摆锤受到的惯性力的方向与重力在水平方向的分力的方向相反，这里利用这一原理使得重力与惯性力相互抵消，从而减弱了单摆对外界水平加速度运动的响应，我们把这一原理叫作倾斜补偿原理。

根据静电加速度计自身的特点及高压悬浮地面测试的实际需求，基于平动—倾斜补偿

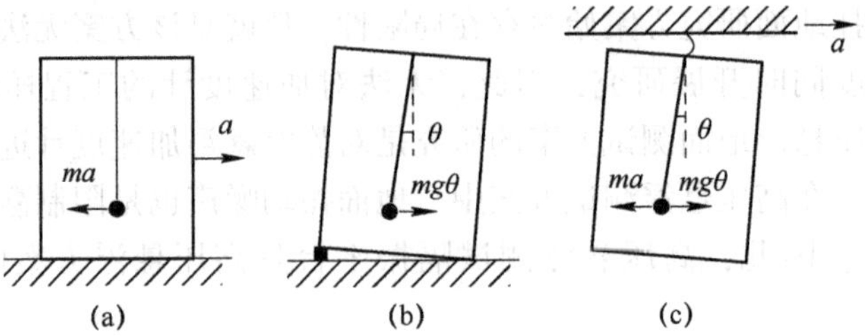

图 3-4　惯性力与重力水平方向分力作用效果

原理设计的静电加速度计地面测试摆台可以减小地面振动对加速度计分辨率测试的影响。将待测静电加速度计放置在测试摆台上，并用柔性材料将摆台悬挂起来，以保证摆台在水平方向可以自由摆动，当外界传来水平外力时，摆台会受到一个与水平外力方向相反的惯性力，同时摆台会沿水平外力的反方向摆动，加速度计中的检验质量也会随之摆动，继而受到重力沿水平方向的分力，该重力分力的方向与加速度计受到的惯性力的方向相反，因此它们相互抵消，从而减小了加速度计中检验质量对外界水平振动的响应。

3.2.2　撞击中心效应

为了抑制地面振动对高压悬浮静电加速度计测试的影响，运用倾斜补偿原理将加速度计测试平台悬挂起来，当有外界加速度输入时，平台会发生倾斜，利用平台倾斜产生的重力沿水平方向的分力来补偿外界水平振动加速度，实现对水平振动的抑制。为了进一步降低高频振动对加速度计测试的影响，利用“撞击中心”的概念提出了一种抑制高频振动的方法。悬挂的加速度计测试摆台可以看作一个复摆系统，而对于所有的复摆而言都存在一个撞击中心，它是复摆的一种纯力学特性：复摆上撞击中心处对外界的水平振动响应最小。摆台对地面振动的响应可以看成：当一个水平方向的外力作用在复摆的悬挂点时，摆台对其做出的响应[10]。如图 3-5 所示，现以一个悬挂木棒为例，说明复摆对悬挂点水平外力的响应过程。悬挂棒的运动可分为两个部分，分别是沿外力方向的平动及绕悬挂点的转动。当悬挂点沿水平方向高频振动时，在这个棒上一定存在一点在水平方向上保持稳定，这个点就叫作这根悬挂木棒所构成的复摆的撞击中心。

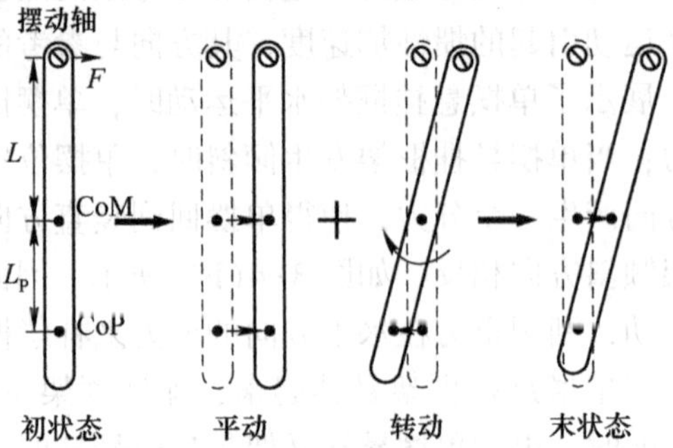

图 3-5　复摆摆动过程分解示意图

如图 3-5 所示，假设一个复摆的悬挂点受到了水平方向的外力 F 的作用，那么其质心的水平方向加速度为 F/m，其中 m 是木棒的质量；质心的转动加速度为 FL/I，其中 L 是木棒质心到悬挂点的距离，I 是木棒绕其质心转动的转动惯量。由于木棒上撞击中心处在

水平方向保持稳定，因此该点的水平运动位移和转动运动引起的水平位移抵消，由此关系可得

$$LL_{\mathrm{p}} = \frac{I}{m} \tag{3-10}$$

其中，L_{p} 是木棒的撞击中心到质心的距离。从上式中可以看出，撞击中心的位置与木棒的转动惯量和质心位置有关。对于悬挂的加速度计测试摆台而言，当待测加速度计的检验质量处在摆台撞击中心时，对高频振动不响应，因此便实现了对高频振动的抑制。

这里提出了基于倾斜补偿原理的地面测试悬挂摆台，利用待测加速度计自身所受重力在水平方向的分量来补偿水平振动加速度输入，实现了对低频振动噪声的抑制。同时，由于加速度计地面测试悬挂摆台是一个复摆系统，利用撞击中心原理使得加速度计的检验质量处在摆台撞击中心，以获得近似于单摆的高频隔振效果，抑制了高频振动噪声传递给加速度计，从而减小了高频耦合噪声。对于摆台扭转运动耦合噪声，一方面通过对摆台悬挂挠曲的设计，增大摆台的扭转刚度以抑制摆台的扭转运动；另一方面使加速度计的检验质量靠近摆台转动轴线，以减弱耦合效应，当检验质量刚好处在摆台转动轴线上时，耦合效应完全消失。所以在加速度计高压悬浮方案地面测试中，对加速度计在摆台上的位置提出了严格的要求。结合倾斜补偿原理和撞击中心效应，可以同时实现对高频及低频振动噪声的抑制，达到最好的隔振效果。下面对摆台的运动模型进行详细分析。

3.3　摆台运动模型的建立

结合平动—倾斜补偿原理和撞击中心效应设计了一套静电加速度计地面测试摆台，它可以实现对高频及低频振动噪声的抑制，通过调节加速度计在摆台上的位置，可以更好地抑制地面高频振动噪声和摆台扭转运动耦合噪声，以达到更好的隔振效果。下面对摆台的运动模型进行详细分析。

3.3.1　摆台上加速度计对水平振动的响应

我们构建了一个悬挂摆台，待测加速度计等效为一个单摆放置在台面上，摆锤相当于加速度计的检验质量，结构平视图如图 3-6(a) 所示。当悬挂挠曲足够自由时，外界振动加速度会驱使摆台绕悬挂点摆动和绕垂直轴转动，同时，加速度计中检验质量也会绕悬挂点摆动。当加速度计中的检验质量没有处于摆台质心垂线上时，摆台的转动加速度会通过偏移质心垂线的距离耦合到水平方向上来。耦合效应的大小取决于加速度计安装位置偏移摆台质心垂线的距离。取垂直纸面向里为 z 轴方向，假设加速度计检验质量沿 z 轴正方向有一个偏移量 d，俯视图如图 3-6(b) 所示。当摆台悬挂点受到外界振动时，会驱使摆台绕水平轴 z 轴摆动，摆动角度为 θ，同时加速度计中的检验质量也会摆动，摆动角度为 θ_1，同时摆台还会绕竖直轴 y 轴扭转，扭转角度为 φ，同时加速度计也会绕 y 轴扭转。对 θ、θ_0、φ 这三个自由度进行分析。

地面振动加速度通过摆台的悬挂点 O 传递到摆台上，使得摆台沿悬挂点 O 运动方向相反的方向摆动。摆台上的摆式加速度计的检验质量也会相对于加速度框架摆动。检验质

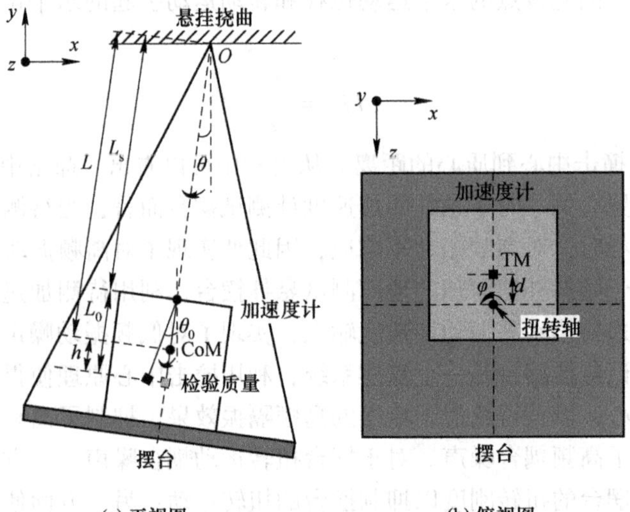

图 3-6 加速度计测试摆台简图

量的水平方向位移与摆台摆动角度 θ，检验质量摆动角度 θ_0 及摆台绕垂直轴的扭转角度 φ 有关。摆式加速度计的检验质量相对于加速度框架的位移可以表示为

$$\Delta x = L_0(\theta_0 - \theta) + d\varphi \tag{3-11}$$

其中，L_0 是检验质量悬挂点到其质心的距离；d 是检验质量偏移平衡位置摆台质心垂线的距离。摆台的扭转运动就是通过这个偏移距离耦合到水平方向上来的。假设摆台悬挂点 O 的坐标为（x_0，0，0），则相应的检验质量的坐标为

$$\begin{cases} X = x_0 - L_s\sin\theta - L_0\sin\theta_0 - d\sin\varphi \\ Y = L_s\cos\theta + L_0\cos\theta_0 \\ Z = d\cos\varphi \end{cases} \tag{3-12}$$

其中，L_s 是摆台的悬挂点到检验质量的悬挂点的距离。

将摆台与加速度计框架作为一个整体，令整体质量为 M，整体的质心 M 到悬点 O 的距离为 L，加速度计中悬挂的检验质量的质量为 m，相对较小，作为质点考虑；摆台整体绕过质心的水平轴和竖直轴转动的转动惯量为 I_{z0} 和 I_{y0}。摆台整体的动能为

$$\begin{aligned} T = &\frac{1}{2}Mv^2 + \frac{1}{2}I_{z0}\dot{\theta}^2 + \frac{1}{2}I_{y0}\dot{\varphi}^2 = \\ &\frac{1}{2}M[(\dot{x}_0 - L\dot{\theta}\cos\theta)^2 + (L\dot{\theta}\sin\theta)^2] + \frac{1}{2}I_{z0}\dot{\theta}^2 + \frac{1}{2}I_{y0}\dot{\varphi}^2 = \\ &\frac{1}{2}M(\dot{x}_0^2 + L^2\dot{\theta}^2 - 2\dot{x}_0L\dot{\theta}\cos\theta) + \frac{1}{2}I_{z0}\dot{\theta}^2 + \frac{1}{2}I_{y0}\dot{\varphi}^2 \end{aligned} \tag{3-13}$$

此时检验质量的动能忽略二阶小量 $\sin^2\theta$，可化简得

$$\begin{aligned} T_1 = &\frac{1}{2}m(v_x^2 + v_y^2 + v_z^2) = \\ &\frac{1}{2}m[(\dot{x}_0 - L_s\dot{\theta}\cos\theta - L_0\dot{\theta}_0\cos\theta_0 - d\dot{\varphi}\cos\varphi)^2 + (L_s\dot{\theta}\sin\theta + L_0\dot{\theta}_0\sin\theta_0)^2 + (d\dot{\varphi}\sin\varphi)^2] = \end{aligned}$$

$$\frac{1}{2}m(\dot{x}_0^2 + L_s^2\dot{\theta}^2 + L_0^2\dot{\theta}_0^2 + d^2\dot{\varphi}^2 - 2\dot{x}_0L_s\dot{\theta} - 2\dot{x}_0L_0\dot{\theta}_0 - 2\dot{x}_0d\dot{\varphi} + 2L_s\dot{\theta}L_0\dot{\theta}_0 + 2L_s\dot{\theta}d\dot{\varphi} + 2L_0\dot{\theta}_0d\dot{\varphi})$$

(3-14)

整个摆台系统的动能为

$$T = T + T_1 \tag{3-15}$$

$$T = T + T_1 =$$

$$\frac{1}{2}(ML^2 + mL_s^2 + I_{z0})\dot{\theta}^2 + (-M\dot{x}_0L - m\dot{x}_0L_s + mL_sL_0\dot{\theta}_0 + mL_s\mathrm{d}\dot{\varphi})\dot{\theta} + \frac{1}{2}mL_0^2\dot{\theta}_0^2 +$$

$$(-m\dot{x}_0L_0 + mL_0d\dot{\varphi})\dot{\theta}_0 + \frac{1}{2}(M+m)\dot{x}_0^{\ 2} + \frac{1}{2}(md^2 + I_{y0})\dot{\varphi}^2 - m\dot{x}_0\mathrm{d}\dot{\varphi} \tag{3-16}$$

考虑到摆台悬挂挠曲的弹性回复力，可以将摆台系统整体的势能分为重力势能和弹性势能两部分。其中，摆台系统的重力势能可以分为摆台整体的重力势能和摆台上加速度计检验质量的重力势能，其表达式为

$$V = MgL(1-\cos\theta) + mg[L_s(1-\cos\theta) + L_0(1-\cos\theta_0)] \tag{3-17}$$

弹性势能主要包括悬挂挠曲自身材料的弹性势能和挠曲悬挂的负载所引入的等效弹性势能[11]，其表达式可以写为

$$V_e = \frac{1}{2}k_b\theta^2 + \frac{1}{2}k_r\varphi^2 + \frac{1}{2}k_g\varphi^2 \tag{3-18}$$

其中，k_b 和 k_r 是簧片弯曲和扭转的材料刚度，k_g 为悬挂挠曲扭转引起的摆台系统质心上升引入的扭转刚度[12-13]，表达式为

$$k_g = \frac{(M+m)gb^2}{4l} \tag{3-19}$$

因此，整个摆台系统的势能可以表示为

$$V = V + V_e = \frac{1}{2}(MgL + mgL_s + k_b)\theta^2 + \frac{1}{2}mgL_0\theta_0^2 + \frac{1}{2}(k_r + k_g)\varphi^2 \tag{3-20}$$

根据拉格朗日量公式 $L=T-V$[14]，可以写出摆台系统的拉格朗日量，其表达式如下

$$L = \frac{1}{2}M(\dot{x}_0 - L\dot{\theta}\cos\theta)^2 + \frac{1}{2}M(L\dot{\theta}\sin\theta)2 + \frac{1}{2}I_{z0}\dot{\theta}^2 + \frac{1}{2}I_{y0}\dot{\varphi}^2 +$$

$$\frac{1}{2}m(\dot{x}_0 - L_s\dot{\theta}\cos\theta - L_0\dot{\theta}_0\cos\theta_0 - d\dot{\varphi}\cos\varphi)^2 + \frac{1}{2}m(L_s\dot{\theta}\sin\theta + L_0\dot{\theta}_0\sin\theta_0)2 + \frac{1}{2}m(d\dot{\varphi}\sin\varphi)2 -$$

$$MgL(1-\cos\theta) - mgL_0(1-\cos\theta) - mgL_0(1-\cos\theta_0) - \frac{1}{2}k_b\theta^2 - \frac{1}{2}k_r\varphi^2 - \frac{1}{2}k_g\varphi^2$$

(3-21)

这里将摆台系统所受的阻尼力视为系统受到的广义外力，其表达式为

$$\begin{cases} Q_\theta = -ML^2\gamma\dot{\theta} \\ Q_{\theta_0} = -mL_0^2\gamma_0(\dot{\theta}_0 - \dot{\theta}) \\ Q_\varphi = -md^2\gamma_0\dot{\varphi} \end{cases} \tag{3-22}$$

其中，γ 为摆台运动的阻尼系数，γ_0 为检验质量运动的阻尼系数。将系统的拉格朗日量代入拉格朗日方程得到系统的运动方程组为

$$
\begin{cases}
(ML^2 + mL_s^2 + I_{z0})\ddot{\theta} + ML^2\gamma\dot{\theta} + (MLg + mL_s g + k_b)\theta + mL_sL_0\ddot{\theta}_0 + mL_s d\ddot{\varphi} = (ML + mL_s)\ddot{x}_0 \\
\ddot{\theta}_0 + \gamma_0\dot{\theta}_0 + \dfrac{g}{L_0}\theta_0 + \dfrac{L_s}{L_0}\ddot{\theta} - \gamma_0\dot{\theta} + \dfrac{d}{L_0}\ddot{\varphi} = \dfrac{\ddot{x}_0}{L_0} \\
(md^2 + I_{y0})\ddot{\varphi} + md^2\gamma_0\dot{\varphi} + (k_g + k_r)\varphi + mL_s d\ddot{\theta} + mL_0 d\ddot{\theta}_0 = md\ddot{x}_0
\end{cases}
\tag{3-23}
$$

摆台上加速度计检验质量 m 相比于摆台整体质量 M 可以忽略，所以上式可化简为

$$
\begin{cases}
(ML^2 + I_{z0})\theta + ML^2\gamma\dot{\theta} + (MLg + k_b)\theta + mL_sL_0\ddot{\theta}_0 + mL_s d\ddot{\varphi} = ML\ddot{x}_0 \\
\ddot{\theta}_0 + \gamma_0\dot{\theta}_0 + \dfrac{g}{L_0}\theta_0 + \dfrac{L_0}{L_s}\ddot{\theta} - \gamma_0\dot{\theta} + \dfrac{d}{L_0}\ddot{\varphi} = \dfrac{\ddot{x}_0}{L_0} \\
(md^2 + I_{y0})\ddot{\varphi} + md^2\gamma_0\dot{\varphi} + (k_g + k_r)\varphi + mL_s d\ddot{\theta} + mL_0 d\ddot{\theta}_0 = md\ddot{x}_0
\end{cases}
\tag{3-24}
$$

简化上式到如下表达式

$$
\begin{cases}
I_z\ddot{\theta} + ML^2\gamma\dot{\theta} + k_{swing}\theta + mL_sL_0\ddot{\theta}_0 + mL_s d\ddot{\varphi} = ML\ddot{x}_0 \\
L_0\ddot{\theta}_0 + L_0\gamma_0\dot{\theta}_0 + g\theta_0 + L_s\ddot{\theta} - L_0\gamma_0\dot{\theta} + d\ddot{\varphi} = \ddot{x}_0 \\
I_y\ddot{\varphi} + md^2\gamma_0\dot{\varphi} + k_{twist}\varphi + mL_s d\ddot{\theta} + mL_0 d\ddot{\theta}_0 = md\ddot{x}_0
\end{cases}
\tag{3-25}
$$

其中，k_{swing} 和 k_{twist} 分别是摆台摆动时的总回复刚度和摆台扭转时的总回复刚度，其表达式如下

$$k_{swing} = k_b + MgL \tag{3-26}$$

$$k_{twist} = k_r + k_g \tag{3-27}$$

对上式进行拉普拉斯变换后可解出

$$
\begin{cases}
[(ML^2 + I_{z0})s^2 + ML^2\gamma s + mgL + k_b]\theta + mL_sL_0s^2\theta_0 + mL_s ds^2\varphi = ML\ddot{x}_0 \\
\left(\dfrac{L_s s^2}{L_0} - \gamma_0 s\right)\theta + \left(s^2 + \gamma_0 s + \dfrac{g}{L_0}\right)\theta_0 + \dfrac{ds^2}{L_0}\varphi = \dfrac{\ddot{x}_0}{L_0} \\
mL_s ds^2\theta + mL_0 ds^2\theta_0 + [(md^2 + I_{y0})s^2 + md^2\gamma_0 s\varphi + k_r + k_g]\varphi = md\ddot{x}_0
\end{cases}
\tag{3-28}
$$

为了方便阅读和计算，将上面方程组改写成矩阵方程的形式

$$
\begin{pmatrix} a_{11} & a_{12} & a_{13} \\ a_{21} & a_{22} & a_{23} \\ a_{31} & a_{32} & a_{33} \end{pmatrix}
\begin{pmatrix} \theta \\ \theta_0 \\ \varphi \end{pmatrix}
=
\begin{pmatrix} ML\ddot{x}_0 \\ \dfrac{\ddot{x}_0}{L_0} \\ md\ddot{x}_0 \end{pmatrix}
\tag{3-29}
$$

其中

$$
\begin{aligned}
& a_{11} = (ML^2 + I_{z0})s^2 + ML^2\gamma s + mgL + k_b \\
& a_{12} = mL_sL_0s^2,\ a_{13} = mL_s ds^2 \\
& a_{21} = \frac{L_s s^2}{L_0} - \gamma_0 s,\ a_{22} = s^2 + \gamma_0 s + \frac{g}{L_0},\ a_{23} = \frac{ds^2}{L_0} \\
& a_{31} = mL_s ds^2,\ a_{32} = mL_0 ds^2 \\
& a_{33} = (md^2 + I_{y0})s^2 + md^2\gamma_0 s\varphi + k_r + k_g
\end{aligned}
\tag{3-30}
$$

求解矩阵方程可得地面平动加速度到检验质量质心相对加速度计框架位移的传递函数 $H(s)$，计算中忽略包含 m_0 的系数项 a_{12}、a_{13}、a_{31}、a_{32}，则传递函数表达式 $H(s)$ 可表示为

$$H(s)=\frac{\Delta x}{\ddot{x}_0}=\frac{[(MLh+I_{z0})s^2+M\gamma L^2 s+k_b]+A}{(I_z s^2+M\gamma L^2 s+k_{swing})(s^2+\gamma_0 s+g/L_0)} \tag{3-31}$$

其中，A 是和加速度计探头偏离摆台质心垂线的水平距离 d 相关的项，h 为摆台系统质心到检验质量质心的垂向距离，它们的表达式如下

$$A=\frac{(md^2 g/L_0)(I_z s^2+ML^2\gamma s+k_{swing})}{I_y s^2+md^2\gamma_0 s+k_{twist}} \tag{3-32}$$

$$h=L-L_s-L_0 \tag{3-33}$$

为了得到摆台系统的隔振传递函数，即外界振动加速度经过摆台系统后传递给摆台上待测加速度计的加速度的传递函数，对整个摆台系统的运动过程进行分解，如图 3-7 所示。外界振动加速度 $\ddot{x}_0$ 先经过摆台系统的隔振传函 $H_b(s)$ 得到将要传递给摆台上待测加速度计的输入加速度 a_{in}，a_{in} 再经过加速度计自身的传递函数 $H_a(s)$ 传递到加速度计的检验质量上，驱使检验质量发生运动，表现为加速度计中检验质量相对加速度计框架的位移 Δx。外界振动加速度 $\ddot{x}_0$ 到检验质量相对加速度计框架的位移 Δx 即为摆台系统的传递函数。

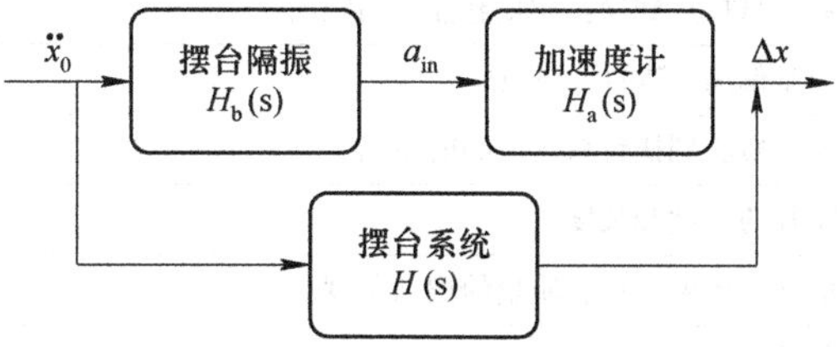

图 3-7　系统传递函数框图

因此，摆台系统传递函数即地面平动加速度到检验质量质心相对加速度计框架位移的传递函数，可表示为地面平动加速度到摆台上加速度计的输入加速度的传递函数和加速度计自身的传递函数的乘积

$$H(s)=H_a(s)\cdot H_b(s) \tag{3-34}$$

其中，$H_a(s)$ 为加速度计自身的传递函数，$H_b(s)$ 为外界地面振动加速度到摆台上待测加速度计受到的加速度的传递函数。

在对摆台进行建模分析的过程中，将摆台上待测的静电加速度计等效为摆式加速度计，而静电加速度计的检验质量可以视为摆式加速度计中的摆锤，静电加速度计检验质量到其悬挂点的距离即摆式加速度计的摆长，因此，$H_a(s)$ 可以表示为摆式加速度计受到的外界输入加速度到其摆锤质心相对摆式加速度计框架的位移的传递函数，其可以表示为

$$H_a(s)=\frac{1}{s^2+\gamma_0 s+g/L_0} \tag{3-35}$$

联立摆台系统传递函数 $H(s)$，消去加速度计的传递函数 $H_a(s)$，可得地面振动加速度到摆台上待测加速度计受到的加速度的传递函数 $H_b(s)$，即摆台的隔振传递函数

$$H_b(s)=\frac{a_{in}(s)}{\ddot{x}_0(s)}=\frac{[(MLh+I_{z0})s^2+M\gamma L^2s+k_b]+A}{I_zs^2+M\gamma L^2s+k_{swing}} \quad (3-36)$$

将被测对象加速度计的模型代入对摆台运动模型建模的过程，得到了摆台的隔振传递函数 $H_b(s)$，它表示摆台对外界地面振动的衰减能力，从表达式可以看出，摆台对外界振动的衰减能力与摆台悬挂挠曲的刚度、摆台上待测加速度计的位置等参数有关，下面将分频段对摆台的隔振传函进行详细分析，找出影响摆台隔振能力的主要参数，以便对摆台的参数进行设计优化。整个计算过程涉及的参数较多，将其汇总到一张表格中，如表 3-1 所示。

表 3-1 摆台主要参数定义表

参 数	含 义
M，m	摆台系统的质量，检验质量的质量
I_{z0}	摆台沿 z 轴方向围绕其质心转动的转动惯量
I_z	摆台沿 z 轴方向围绕其悬挂点转动的转动惯量 $I_z=I_{z0}+ML^2$
I_{y0}	摆台沿 y 轴方向围绕其质心转动的转动惯量
I_y	摆台沿 y 轴方向围绕其悬挂点转动的转动惯量 $I_y=I_{y0}+md^2$
L	摆台系统质心到其悬挂点的距离
L_0	检验质量质心到其悬挂点的距离
L_s	摆台系统悬挂点到检验质量悬挂点的距离
d	检验质量偏离 z 轴的水平距离
h	检验质量质心到摆台系统质心的距离
b，l	悬挂簧片的宽度和长度
θ，θ_0	摆台的摆动角度，检验质量的摆动角度
φ	摆台的转动角度
k_b，k_r	簧片的弯曲刚度，簧片的扭转刚度
k_g	由簧片负载提供的扭转刚度
k_{swing}	摆台系统总的摆动刚度 $k_{swing}=k_b+MgL$
k_{twist}	摆台系统总的扭转刚度 $k_{twist}=k_r+k_g$
γ，γ_0	摆台的阻尼系数，检验质量的阻尼系数

3.4 摆台隔振性能分析

静电加速度计的工作频带通常在 0.1Hz 及以下的低频段，但由于二阶非线性项的存在，使得高频振动噪声通过非线性效应耦合到加速度计测量频带内，因此，这里分别对摆台的高频段和低频段进行隔振性能分析。

3.4.1 高频段摆台隔振性能分析

前面通过对摆台进行建模分析，求解摆台的运动方程得到了摆台的隔振传递函数 H_b

(s)，如表达式（3-36）所示，该表达式中 A 是扭转自由度耦合项（见式（3-32）），其大小由检验质量偏移摆台扭转轴的距离 d 决定；h 是加速度计检验质量距离摆台系统质心的垂直距离（见式（3-33）），其大小由摆台系统整体的质心高度及摆台上待测加速度计检验质量的位置高度决定。

首先分析摆台对高频振动的隔离效果，这里的高频段主要指高于摆台共振频率的频段。在高频段，扭转耦合项 A 可以简化为

$$A = \frac{(md^2 g/L_0) I_z}{I_y} \tag{3-37}$$

扭转耦合项 A 此时为常数项，在高频段摆台隔振传递函数表达式中可以忽略不计，因此，隔振传递函数可以简化为

$$H_b(s) = \frac{MLh + I_{z0}}{ML^2 + I_{z0}} \tag{3-38}$$

由简化后的摆台隔振传递函数表达式可以看出，当加速度计检验质量垂向位置满足下式

$$h = -\frac{I_{z0}}{ML} \tag{3-39}$$

此时，摆台的传递函数等于零，此特殊位置即为复摆的撞击中心位置表达式。已知撞击中心是复摆的一种纯机械特性，当复摆高频振动时，其上存在一点对高频振动不响应，该点即撞击中心。因此，当检验质量处在摆台的撞击中心处时，经过摆台传递给待测加速度计的外界振动加速度最小。由此可见，摆台在高频段的隔振传递函数受摆台上待测加速度计检验质量的水平位置的影响极小，可忽略不计，其主要与摆台上待测加速度计检验质量的位置高度有关。

为了进一步分析摆台上加速度计的检验质量距离摆台撞击中心的垂向距离 h 对摆台隔振率的影响，这里取一组典型摆台参数，其中摆台的摆长为 1000mm，摆台台面尺寸为 500mm×500mm，通过对摆台及摆台上的加速度计进行简单建模，计算出摆台撞击中心的位置，画出加速度计的检验质量距离摆台撞击中心不同垂向距离时摆台传递函数曲线，如图 3-8 所示。

图中的实线、虚线和点画线分别表示在加速度计检验质量处在摆台撞击中心、偏移摆台撞击中心 10mm 及偏移摆台撞击中心 100mm 时的摆台隔振传递函数曲线。摆台传递函数曲线在 0.5Hz 处均存在一个共振峰，此共振峰为摆台摆动模态的共振峰。由于受到撞击中心效应的影响，在高于摆台共振峰频率的高频段，摆台的传递函数曲线随加速度计检验质量的位置高度的变化明显。加速度计的检验质量越接近摆台撞击中心，摆台对高频振动的隔振率越高，当检验质量正好处在摆台撞击中心上时，摆台的高频隔振效果最佳，近似于单摆的隔振效果水平，在 1Hz 处摆台的隔振率达到了 60dB，同时共振峰的峰值相比于检验质量偏移摆台撞击中心 50mm 时下降了 30dB。这表明，共振峰的峰值大小也会随着加速度计检验质量不断靠近摆台撞击中心而减小。因此，对于共振峰频率以下的低频段，随着加速度计检验质量不断靠近摆台撞击中心，摆台对外界振动的隔振率也在不断提高，但随着频率的降低，摆台隔振率的变化逐渐变小，在 0.05Hz 频率以下迅速趋于稳定，最终稳定在 60dB 的隔振率。由此可见，摆台上待测加速度计检验质量到撞击中心的距离在很大程度上影响摆台的隔振表现。

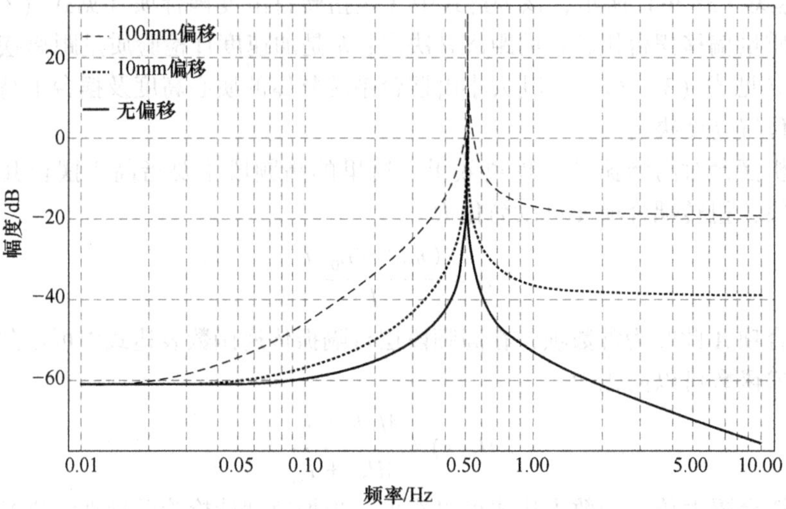

图 3-8　加速度计检验质量距离摆台撞击中心不同距离时摆台的隔振传递函数曲线

3.4.2　低频段摆台隔振性能分析

在分析完摆台对高频振动的响应表现及影响其隔振性能的主要参数后，就要分析在低于摆台共振频率以下的低频段摆台的隔振表现。下面就摆台上待测加速度计检验质量偏离摆台扭转轴的距离 d 为零和不为零的两种情况分别进行分析。

假设加速度计检验质量偏离摆台扭转轴的距离 d 为零，也就是扭转耦合项 A 为零，此时在低频段，摆台隔振传递函数可化简为

$$H_b(s) = \frac{k_b}{k_{swing}} = \frac{k_b}{MgL + k_b} \tag{3-40}$$

由式（3-40）可以看出，当扭转耦合项为零时，摆台的低频隔振效果由悬挂挠曲的弯曲刚度决定。摆台低频的隔振原理：当外界水平加速度传递给摆台时会引起摆台倾斜，摆台倾斜产生的重力加速度沿水平方向的分量与外界水平加速度方向相反，进而补偿了外界水平加速度输入，因此，摆台要足够自由，使得摆台能够及时响应外界水平振动从而发生倾斜。所以摆台悬挂挠曲的弯曲刚度越小，摆台对低频振动的抑制效果越好。假设加速度计检验质量处在摆台撞击中心处，沿用前面取的典型参数，画出摆台悬挂挠曲取不同弯曲刚度时摆台的隔振传递函数曲线，如图 3-9 所示。

图 3-9 中的实线、虚线和点画线分别表示摆台悬挂挠曲的弯曲刚度取 0.01N · m/rad、0.1N · m/rad 和 1N · m/rad 时摆台的隔振传递函数曲线。在摆台共振频率以下的低频段，摆台悬挂挠曲的弯曲刚度对摆台隔振率的影响十分明显。摆台悬挂挠曲的弯曲刚度越小，摆台对低于摆台共振频率的低频振动抑制效果越好，当悬挂挠曲的弯曲刚度达到 0.01N · m/rad 时，摆台的隔振率会随着频率的降低而提高。悬挂挠曲的弯曲刚度还关系着其负载能力，因此，在设计摆台悬挂挠曲弯曲刚度时还要考虑挠曲的负载极限。当摆台悬挂挠曲刚度为 0.1N · m/rad 时，摆台对低频振动噪声的抑制可以达到 60dB，即可满足静电加速度计高压悬浮地面测试对外界振动噪声的需求。

当加速度计检验质量偏离摆台转动轴的距离 d 不为零，即扭转耦合项不为零时，摆台

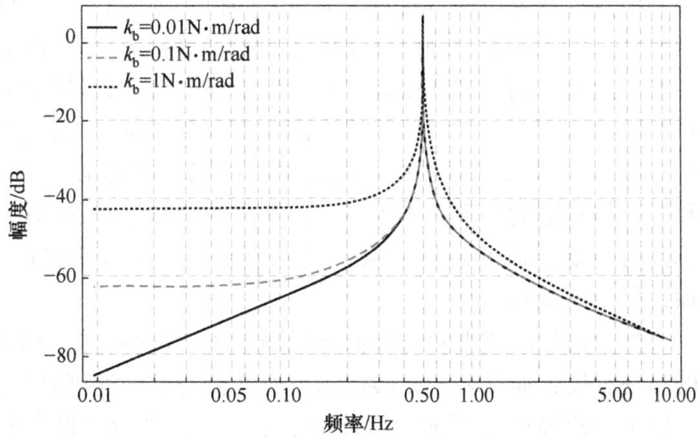

图 3-9　摆台不同悬挂挠曲刚度下摆台的传递函数曲线

在低频段的隔振传递函数可以化简为

$$H_b(s)=\frac{k_b+(mgd^2k_{swing})/L_0k_{twist}}{k_{swing}}=\frac{k_b(k_r+k_g)L_0+mgd^2(MgL+k_b)}{(MgL+k_b)(k_r+k_g)L_0} \tag{3-41}$$

对比式（3-40）可以看到，除了挠曲的弯曲刚度 k_b，由扭转耦合项引入的加速度计检验质量在水平方向偏离摆台系统扭转轴的距离 d 及摆台的扭转刚度 k_{twist} 也会影响摆台在低频段的隔振表现。当加速度计检验质量在水平方向偏离摆台系统扭转轴时，摆台扭转运动会施加给加速度计一个切线加速度，从而使摆台的扭转加速度耦合到水平方向上，因此加速度计检验质量在水平方向偏离摆台系统扭转轴的距离是影响摆台低频隔振率的一个重要参数。假设加速度计检验质量处在摆台撞击中心，悬挂挠曲的弯曲刚度和摆台扭转刚度取适当值，画出加速度计检验质量偏离摆台系统扭转轴不同距离时摆台的传递函数曲线，如图 3-10 所示。

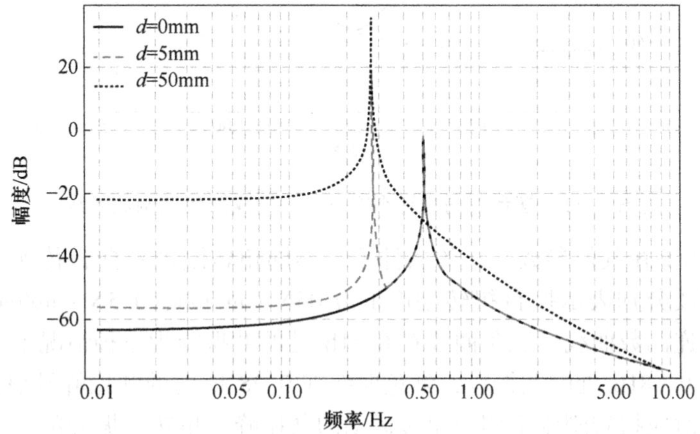

图 3-10　加速度计检验质量偏离摆台扭转轴不同距离时摆台的隔振传递函数曲线

图 3-10 中实线、虚线和点画线分别表示加速度计检验质量处在摆台扭转轴及偏移摆台扭转轴的距离 d 为 5mm、50mm 时摆台的隔振传递函数。当加速度计检验质量偏移摆台扭转轴时，摆台的传递函数曲线在 0. 28Hz 处出现一个共振峰，此共振峰为摆台扭转运动

的共振峰，该共振峰的频率主要由摆台自身重力引入的扭转刚度和悬挂挠曲的扭转刚度决定，该频率处的扭转共振峰正好处于静电加速度计的测量频带内，对加速度计的分辨率测试会造成很大的影响。此外，随着加速度计检验质量偏移摆台扭转轴的距离不断升高，摆台对低频振动噪声的隔振率不断减小，当偏移距离 d 增加到 50mm 时，摆台在低频段的隔振率降低到 20dB，相比于检验质量处在摆台扭转轴时的隔振率降低了 40dB，这表明加速度计检验质量偏移摆台扭转轴的距离 d 不为零时，摆台的扭转运动加速度会耦合到加速度计水平方向，影响摆台在低频段的隔振效果，且 d 值越大，摆台扭转运动共振峰峰值越高，对低频的隔振效果影响也越明显。

最后，讨论一下摆台的扭转刚度对摆台低频段隔振率的影响。摆台的扭转刚度主要决定摆台扭转运动的难易程度，而摆台的扭转运动加速度会通过加速度计检验质量在水平方向偏离摆台系统扭转轴的距离耦合到加速度计的水平方向，理论上摆台的扭转刚度越大，摆台扭转运动越困难，因此扭转耦合噪声越小。这里摆台的扭转刚度（k_{twist}）包括摆台自身重力引入的扭转刚度和悬挂挠曲自身材料的扭转刚度两部分，在实际的实验操作中，增大摆台扭转刚度的同时，还要考虑摆台悬挂挠曲的承重能力及悬挂挠曲的弯曲刚度的变化。同样假设检验质量处在摆台撞击中心，加速度计检验质量偏移摆台扭转轴的距离 d 和悬挂挠曲的弯曲刚度取适当值，画出摆台取不同扭转刚度时的传递函数曲线，如图 3-11 所示。

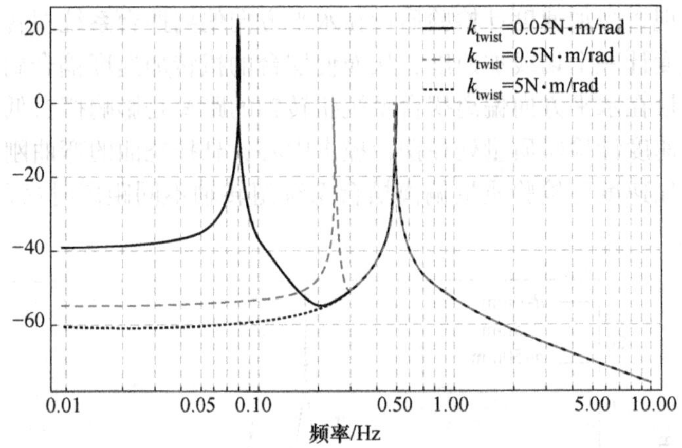

图 3-11　摆台不同扭转刚度下摆台的隔振传递函数曲线

图 3-11 给出了在其他参数一定的条件下，不同扭转刚度对摆台传递函数的影响。实线、虚线和点画线分别表示摆台扭转刚度取 0. 05N · m/rad、0. 5N · m/rad 和 5N · m/rad 时摆台的隔振传递函数曲线。三条曲线在 0. 5Hz 处的共振峰为三种情况下摆台运动的共振峰。蓝色曲线在 0. 08Hz 处的共振峰，红色曲线在 0. 28Hz 处的共振峰及黑色曲线在 0. 8Hz 处的共振峰分别对应扭转刚度下摆台扭转运动的共振峰，扭转共振峰的频率随着摆台扭转刚度的增加而升高，且扭转共振峰值不断减小，摆台在低频段的隔振率在不断提高。从对比结果可以看出，摆台的扭转刚度越大，摆台扭转运动的共振频率越高，扭转共振峰峰值越小，因而引入水平方向的扭转运动耦合噪声越小，摆台的低频隔振率越高。

3.5　本章小结

本章首先分析了静电加速度计悬丝悬浮地面研究方案的基本原理，阐述了悬丝悬挂方案中的地面振动隔离原理。指出了悬丝悬挂地面测试方案的局限性，随后展开讨论了静电加速度计高压悬浮地面测试方案的隔振方案、理论建模和隔振性能分析。具体介绍了平动—倾斜补偿原理和撞击中心效应，对基于平动—倾斜补偿原理的加速度计地面测试摆台进行了详细的建模和理论分析，考虑了摆台的扭转运动和摆台上待测加速度计的位置效应，给出了外界水平振动加速度到摆台上待测加速度计受到的加速度的传递函数。

根据摆台的隔振传递函数分析了影响摆台在不同频段隔振效果的主要因素：高频段的隔振效果主要由加速度计检验质量的竖直方向高度决定，由于隔振摆台和摆台上的待测加速度计组成了一个复摆系统，因此，当待测加速度计检验质量位于摆台撞击中心时，其对地面高频振动的响应最小；低频段的隔振效果主要由悬挂挠曲的刚度决定，刚度越小，隔振效果越好，此外，摆台扭转运动加速度也会耦合到加速度计水平方向，影响摆台的低频隔振效果，耦合效应的大小主要由加速度计检验质量偏移摆台扭转轴的距离和摆台的扭转刚度决定。摆台的扭转刚度越大，其扭转耦合噪声越小，当待测加速度计检验质量位于摆台扭转轴上时，摆台扭转耦合噪声理论上可以有效消除。

通过对平动—倾斜补偿摆台的详细建模和分析，对摆台的地面振动抑制模型有了更深刻的认识，分析了影响摆台隔振性能的主要参数，指出了摆台上加速度计对地面振动响应最小的安装位置，有助于加速度计地面测试摆台的设计与研制。

参考文献

[1] Carbone L, Ciani G, Dolesi R, et al. Upper limits to surface-force disturbances on LISA proof masses and the possibility of observing galactic binaries. Phys[J]. Rev. D, 2007, 75: 042001.

[2] Carbone L, A. Cavalleri, Ciani G, et al. Thermal gradient-induced forces on geodesic reference masses for LISA[J]. Phys. Rev. D, 2007, 76: 102003.

[3] Carbone L, Dolesi R, Hoyle C D, et al. Improved torsion pendulum for ground testing of LISA displacement sensors. February, 2008.

[4] Zhou Z B, Gao S W, Luo J. Torsion Pendulum for Performance Test of Inertial Sensor for ASTROD-I[J]. Class. Quantum Grav. , 2005, 22: S537.

[5] Zhou Z B, Qu S B, Tu H B, et al. Progress of Ground Test of Inertial Sensor for ASTROD-I[J]. International Journal of Modern Physics D, 2008, 17: 985.

[6] Tu H B, Wu S C, Bai Y Z, et al. Progress in the Development of Inertial Sensor for ASTROD-I[J]. Journal of the Japan Society of Microgravity Application, 2007, 24: 91.

[7] Zhou Z B, Tu H B, Bai Y Z, et al. A Two-stage Torsion Pendulum to Investigate the Capacitance Inertial Sensor. in: Proceedings of 4th China-GermanyWorkshop on Microgravity and Space Life Sciences, Shanghai, China, June, 2009.

[8] Pei S X, Liu L, Wu S C, et al. Location effect and adjustment scheme of the translation-tilt compensation bench for accelerometer performance investigation[J]. Classical and Quantum Gravity, 2019, 36(23): 235023.

[9] Liu L, Ye X, Wu S C, et al. A low-frequency vibration insensitive pendulum bench based on translation-tilt compensation in measuring the performances of inertial sensors[J]. Classical and Quantum Gravity, 2015, 32(19): 195016.

[10] Ju L, Blair D G. Compound pendulum test mass systems for laser interferometer gravitational wave detectors[J]. Measurement Science and Technology, 1994, 5(9): 1053-1060.

[11] Quinn T, Speake C, Davis R, et al. Stress-dependent damping in Cu-Be torsion and flexure suspensions at stresses up to 1. 1GPa[J]. Physics Letters A, 1995, 197(3): 197-208.

[12] Quinn T J, Speake C C, Davis R S. A 1 kg Mass Comparator Using Flexure-Strip Suspensions: Preliminary Results. Metrologia, 1986, 23(2): 87-100.

[13] Quinn T, Davis R, Speake C, et al. The restoring torque and damping in wide Cu-Be torsion strips[J]. Physics Letters A, 1997, 228(1): 36-42.

[14] 金尚年，马永利．理论力学，第 2 版．中国，北京：高等教育出版社，2002.

第4章　隔振摆台的设计、研制与性能验证

基于倾斜补偿原理和撞击中心效应的加速度计测试摆台不仅能够隔离摆台共振频率以上的高频段地面振动噪声，而且能够隔离摆台共振频率以下的低频段地面振动噪声。摆台悬挂挠曲的弯曲刚度的大小决定了摆台能否及时响应外界水平振动而摆动，影响着摆台低频段的隔振表现，而摆台的扭转刚度大小表示摆台扭转运动的难易程度，扭转刚度越小，摆台扭转运动越容易，扭转运动耦合噪声越大，同样会影响摆台低频段的隔振表现。此外，摆台上待测加速度计对外界振动加速度的响应会受其在摆台上位置的影响。对于加速度计测试摆台这样一个复摆结构，其撞击中心处对高频振动的隔离效果最好，近似于单摆的隔振效果，摆台上加速度计检验质量距离摆台撞击中心的竖直距离越大，摆台对高频振动的隔离效果越差。摆台的扭转运动耦合噪声与加速度计中检验质量偏移摆台扭转轴的距离有关，偏移距离越远，扭转运动耦合噪声越大。基于这些结论可知，摆台悬挂挠曲的刚度和待测加速度计在摆台上的位置对于摆台的隔振性能十分重要。因此，这里设计搭建了一套测试摆台，以验证摆台上不同位置对高频振动的响应及摆台扭转运动耦合噪声。

4.1　摆台的结构设计

摆台主体由一个平板和4根硬质棒组成，待测加速度计固定在平板中心，整个摆台用柔性挠曲悬挂在一个钢制的框架内，柔性挠曲采用二维结构设计，以保证平台可以自由地在两个水平方向上摆动；整个框架固定在地面上，用绝热材料密封，以屏蔽温度波动及空气扰动的影响。当地面水平方向振动加速度传递给框架时，会使摆台的悬挂点产生水平方向的加速度，当悬挂挠曲足够自由，摆台不会立即跟随框架水平振动，而会绕框架悬挂点倾斜摆动时，摆台受到的惯性力与摆台倾斜产生的重力加速度沿水平方向的分量方向相反，从而减弱地面振动经过摆台后传递给摆台上待测加速度计的振动噪声。整个摆台的结构如图4-1(a) 所示。

为了实现悬挂摆台能够在水平、正交两个方向摆动，这里的柔性挠曲采用了二维簧片结构设计，如图4-1(b) 所示，在整个圆柱体的二维簧片结构中，中间挖空后留下的连接圆柱体两端的簧片结构就是实现摆台自由摆动的主要承重结构。簧片材料选用韧性较好、损耗相对较低的高强度铍青铜材料（C17200），该材料的相关性能参数见表4-1。

表4-1　铍青铜材料性能参数

	弹性模量	切变模量	强度极限	密度
铍青铜（C17200）	129GPa	42.2GPa	1.2GPa	8.3g/cm^3

(a) 摆台整体三维模型图　　(b) 悬挂结构渲染

图 4-1　摆台三维模型

确定了摆台的结构方案设计之后，设计摆台的具体参数，主要包括摆台的尺寸和摆长设计，以及悬挂簧片的尺寸设计。其中，簧片的尺寸指簧片的长度、宽度和厚度，这些直接关系到簧片的弯曲刚度、扭转刚度和承载极限。根据第 2 章的理论分析可知，簧片的弯曲刚度直接影响摆台的低频隔振效果[1]。因此，首先要设计簧片的尺寸以满足隔振需求，再根据簧片的负载能力及待测加速度计的尺寸设计摆台的尺寸和摆长。

4.1.1　簧片刚度计算

悬挂挠曲采用了二维簧片的结构设计，由线切割一体成形加工工艺制成，实现了悬挂挠曲在水平、正交两个方向上的自由摆动。该二维簧片的主要参数指圆柱体簧片结构中间那部分承重簧片的尺寸，包括簧片的厚度 t、簧片的长度 l、簧片的有效宽度 b 和簧片的最大宽度也就是柱体的直径 B，如图 4-2 所示。这些参数共同决定了簧片的材料刚度、负载引入的等效刚度及簧片的负载极限。下面详细计算一下摆台系统的扭转刚度、弯曲刚度和负载极限。

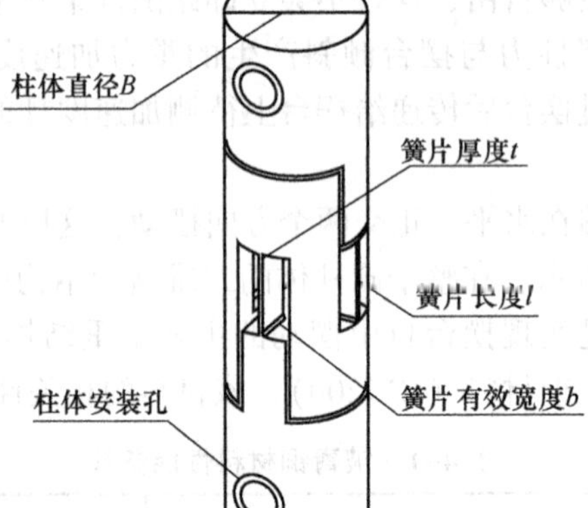

图 4-2　簧片二维结构图

鉴于簧片薄片状的结构特点，根据材料力学相关理论可知，该簧片的扭转刚度表达式为[2]

$$c_e = \frac{Gbt^3}{3l} \tag{4-1}$$

这部分扭转刚度是由簧片材料本身弹性特性引起的。除此之外，当簧片悬挂负载时，由于簧片薄片状的结构，簧片的扭转运动会引起所悬挂负载的重心上升，此时，重力会对簧片施加一个抑制簧片扭转的回复力矩，这部分由负载引入的扭转刚度表示为

$$c_g = \frac{mgB^2}{12l} = \frac{n^2 mgb^2}{12l} \tag{4-2}$$

$$B = nb \tag{4-3}$$

其中，负载为 mg，簧片截面积为 S，n 为簧片柱体的直径与簧片有效宽度的比值，负载要满足材料的强度极限，如下式所示

$$\sigma = \frac{mg}{S} \leqslant \sigma^0 \tag{4-4}$$

因此，摆台系统的总扭转刚度为

$$c_t = \frac{\left(4G\dfrac{t}{b} + n^2\sigma\dfrac{b}{t}\right)S^2}{12l} \tag{4-5}$$

摆台系统的扭转周期

$$T_r = 2\pi\sqrt{\frac{I_r}{c_t}} = 2\pi\sqrt{\frac{12lI_r}{\left(4G\dfrac{t}{b} + n^2\sigma\dfrac{b}{t}\right)S^2}} \tag{4-6}$$

其中，b/t 为宽厚比，对于薄片状的簧片来说，其存在一个最佳宽厚比，关系如下式

$$\frac{b}{t} = \frac{2}{n}\sqrt{\frac{G}{\sigma}} \tag{4-7}$$

此时，材料的扭转刚度与负载引入的扭转刚度相等，系统总的扭转刚度最小，表达式如下式

$$c_e = c_g = \frac{nS^2\sqrt{G\sigma}}{6l} \tag{4-8}$$

$$c_t = \frac{nS^2\sqrt{G\sigma}}{3l} \tag{4-9}$$

摆台的摆动运动主要与簧片的弯曲刚度及簧片所悬挂的负载摆动所引入的回复刚度有关。根据材料力学相关理论可知，簧片材料自身的弯曲刚度表达式为

$$k_e = \frac{bt^3E}{12l} = \frac{ES^2}{12l}\frac{t}{b} \tag{4-10}$$

簧片所悬挂的负载摆动所引入的回复刚度为

$$k_g = mgL \tag{4-11}$$

因此，摆台系统的总摆动刚度为

$$k_t = k_e + k_g = \frac{ES^2}{12l}\frac{t}{b} + mgL \tag{4-12}$$

摆台系统的摆动周期

$$T_s = 2\pi\sqrt{\frac{I_s + mL^2}{k_t}} = 2\pi\sqrt{\frac{I_s + mL^2}{\frac{bt^3E}{12l} + mgL}} \approx 2\pi\sqrt{\frac{L}{g}} \tag{4-13}$$

从式（4-13）中看，摆台系统的摆动周期主要与摆台的摆长有关，与悬挂簧片的结构参数无关。簧片的结构参数设计的主要目的是获取较低的簧片弯曲刚度，以保证摆台低频的隔振效果，同时获得相对较大的扭转刚度以抑制摆台的扭转运动。从摆台系统扭转刚度表达式可以看出，在不影响簧片弯曲刚度的条件下，增大摆台扭转刚度的唯一方法是通过增大簧片最大宽度以提高宽度比例系数 n 的值。如图 4-3 所示，给出了不同宽度系数下的摆台的扭转刚度变化，从图中可以明显看出，簧片的宽厚比 b/t 越大，宽度系数 n 对摆台扭转刚度的影响越大，表现为宽度系数值越大，摆台的扭转刚度越大。

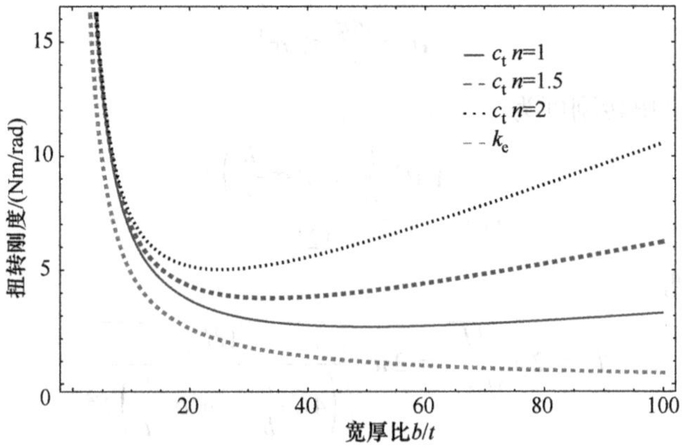

图 4-3　不同宽度系数下摆台的扭转刚度

根据前面的簧片刚度计算，对簧片的参数进行详细设计，在保证弯曲刚度在较低的水平下，选择合适的簧片最大宽度，以提高摆台的扭转刚度，根据簧片的负载能力设计了相应尺寸的摆台及摆长，具体参数如表 4-2 所示。

表 4-2　摆台及簧片的参数设计值

参　数	数　值
簧片长度	10mm
簧片厚度	0. 22mm
簧片有效宽度	10mm
簧片最大宽度	15mm
簧片弯曲刚度	0. 11N · m/rad
簧片扭转刚度	0. 15N · m/rad
摆台系统总摆动刚度	140. 58N · m/rad
摆台系统总扭转刚度	0. 43N · m/rad
簧片最大负载	2. 64kN
摆台系统总质量	15. 37kg

表 4-2（续）

参　数	数　值
摆台有效摆长	890mm
摆台摆动转动惯量	0. 6kg · m^2
摆台扭转转动惯量	0. 2kg · m^2
加速度计检验质量距摆台撞击中心的距离 h	10mm
加速度计检验质量偏移摆台扭转轴的距离 d	10mm

采用该套设计参数，代入摆台系统的传递函数公式，画出摆台对外界振动的传递函数曲线，如图 4-4 所示。在该套参数下，保证加速度计检验质量距离摆台撞击中心的距离和加速度计检验质量偏移摆台扭转轴的距离在 10mm 量级水平时，摆台对高频振动噪声的衰减达到 40dB，摆台对低频振动的衰减达到 60dB 以上。

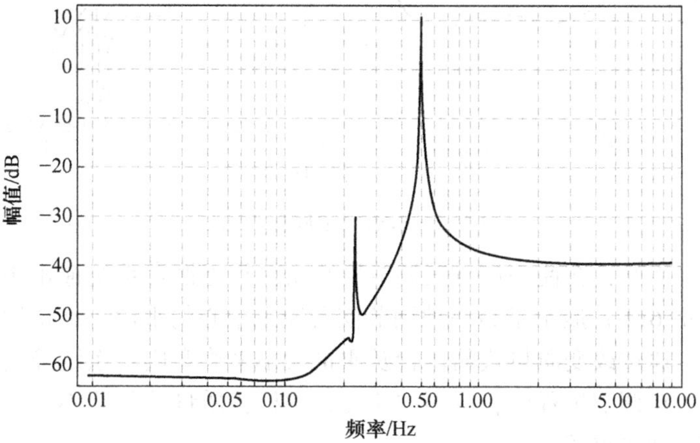

图 4-4　摆台传递函数曲线

4. 1. 2　待测加速度位置调节方案

根据前面设计的摆台参数，这里搭建了一套测试摆台，用来验证摆台对地面振动噪声的抑制效果。摆台加速度计噪声测试仪器选用了英国 Graulp 公司型号为 3espc 的微震仪，该微震仪采用三分向正交一体化设计，其内部分布着三个传感探头，可同时测量水平两方向及竖直方向的加速度信号，频率响应是 0. 008 ~ 50Hz，动态范围超过 140dB，其噪声水平如图 4-5 所示[3-4]。

微震仪这类的待测加速度计可以被认为是一个单摆，因此，待测加速度计与摆台构成了一个复摆的结构，当加速度计中检验质量正好处于摆台撞击中心时，检验质量对水平方向的高频振动不敏感，从而减弱高频振动对加速度计测试的影响。同时，令加速度计检验质量尽可能靠近摆台的扭转轴，这样可以有效地降低扭转运动到水平方向的耦合，所以加速度计检验质量在摆台上的位置对于噪声测试十分重要。为了调节加速度计在摆台上的位置，可以将加速度计安装在一个多自由度位移平台上，通过调节位移平台来调节加速度计在摆台上的位置，使其靠近摆台系统的撞击中心，如图 4-6(a) 所示。该方案在调节加速度计中检验质量的位置时，也改变了整个摆台系统的质量分布，摆台系统的撞击中心的位

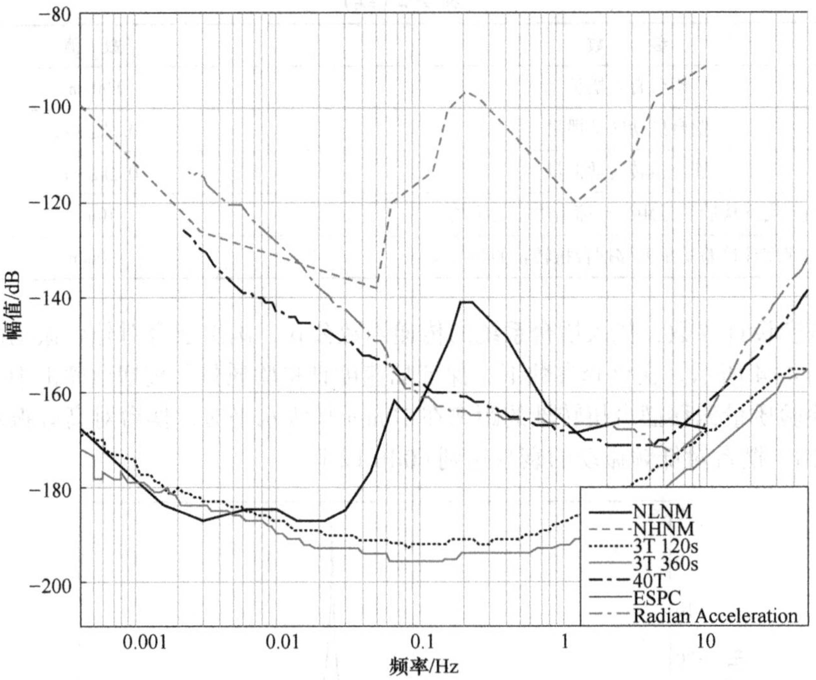

图 4-5　微震仪本底噪声曲线

置也随之改变了。因此，在使用该方案调节检验质量靠近摆台系统撞击中心时，对调节精度要求较高。图 4-6(b) 展示了另一种调节摆台撞击中心的手段。在待测加速度计的上方设置调节质量块，通过改变质量块的位置及质量大小来改变摆台系统撞击中心的位置，使其靠近检验质量。在调节过程中，待测加速度计中检验质量的位置不变。该调节手段简单有效，且对调节精度要求较低。

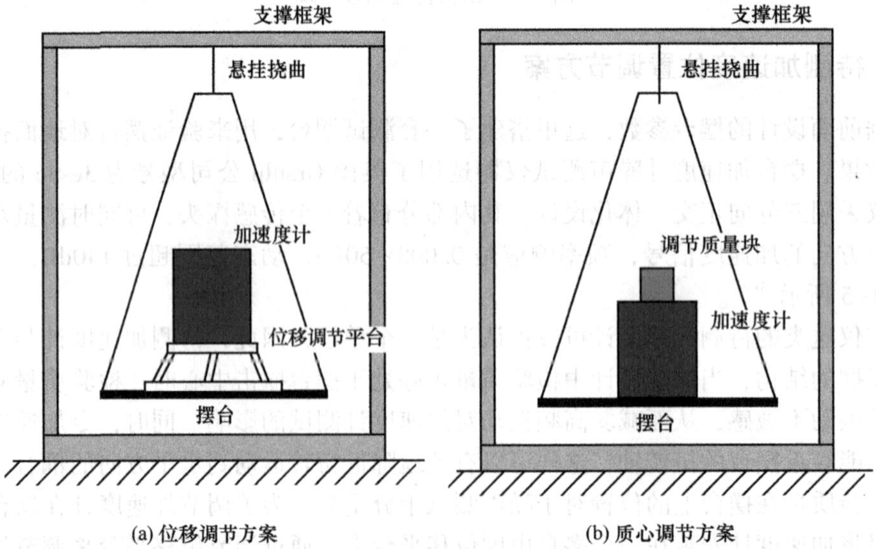

图 4-6　加速度计测试摆台模型

为了调节微震仪传感探头到摆台的撞击中心距离，需要知道微震仪传感探头与摆台系统质心的相对位置，从而制订调节方案对微震仪的传感探头高度进行调节。这里对微震仪进行拆解，其内部结构如图4-7(a) 所示，在此基础上利用solidworks建模软件对其水平、正交两方向的传感探头进行空间建模，如图4-7(b) 所示，由于水平、正交两方向的传感探头是一样的设计，装置在微震仪底座上，因此它们距离微震仪底座的距离均为77.8mm，水平方向上它们偏移微震仪柱体中心的距离已经标注在图中，分别是30cm和20cm。为了得到摆台系统的质心位置，需要对摆台系统进行三维建模，按照实际摆台的尺寸特征和材料属性对模型进行定义，利用软件对包括微震仪在内的摆台系统的质心进行计算，从图中可以看出微震仪的内部结构复杂，很难准确地对其进行建模，所以这里用质量分布均匀的等质量圆柱体代替，粗略地估算出摆台系统的质心在距离摆台台面上方106mm的位置，根据复摆撞击中心跟质心的位置关系，必须降低探头的高度到摆台系统质心下方约8cm的位置。

(a) 微震仪内部结构图

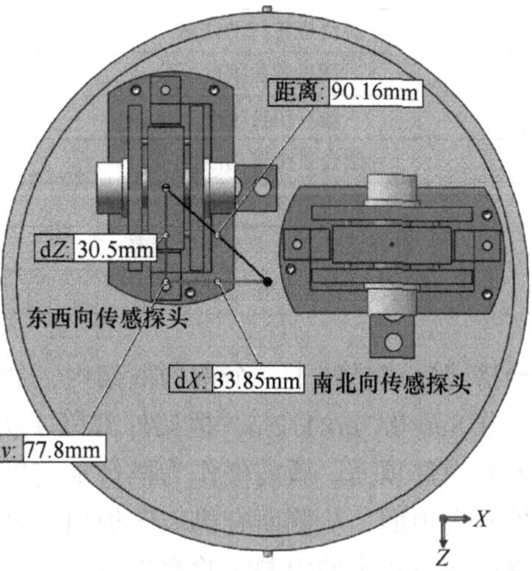

(b) 微震仪内部结构三维建模

图4-7 微震仪内部结构图

由于无法对微震仪内部传感探头的高度进行直接调节，为了达到降低传感探头高度的目的，采用图4-6(b) 的调节方案，通过在微震仪顶部添加配重质量块的方法提高摆台系统的质心高度，相应地提高摆台系统的撞击中心高度，以达到对微震仪传感探头高度的相对调节。

4.2 摆台的搭建与机械热噪声估算

4.2.1 摆台的参数设计及搭建

根据前面的摆台及悬挂簧片设计的参数，分别对其进行加工。除了悬挂簧片是由铍青铜加工，摆台台面及其他连接件由铝合金加工，摆台及簧片的具体实测参数如表4-3

所示。

表 4-3　摆台及簧片具体参数实测值

参　数	数　值
簧片长度	10mm
簧片厚度	0.22mm
簧片有效宽度	10mm
簧片最大宽度	15mm
摆台尺寸	400mm×400mm×15mm
簧片最大负载	2.64kN
微震仪质量	8.37kg
摆台系统总质量	15.4kg
摆台有效摆长	916mm
摆台摆动转动惯量	0.5kg · m^2
摆台扭转转动惯量	0.2kg · m^2
簧片弯曲刚度	0.11N · m/rad
簧片扭转刚度	0.15N · m/rad
摆台系统摆动刚度	140.58N · m/rad
摆台系统扭转刚度	0.43N · m/rad
摆台系统摆动模态共振频率	0.52Hz
摆台系统扭转模态共振频率	0.25Hz

摆台搭建完成悬挂于一个钢构框架内，如图 4-8 所示。整个框架由铸铁焊接而成，内部尺寸为 0.8m×0.7m×1.2m，框架外部以 4 块透明的有机玻璃板密封，摆台通过二维簧片悬挂于框架内部顶面。微震仪作为摆台加速度噪声测量仪器放置于摆台台面，其数据线缆悬挂在框架内顶面，从侧面有机玻璃板引出框架与摆台外面的数据采集器相连，整个实验在环境噪声相对较小的山洞实验室进行。

图 4-8　摆台测试实物图

4.2.2　摆台 Q 值测量和热噪声计算

在高精密的地面隔振悬挂系统中，悬挂结构的热噪声是限制隔振水平或实验精度的关键因素。采用高 Q 值的悬丝或簧片结构构造隔振摆台能够有效地降低热噪声的影响，因此，高 Q 值悬挂结构的构建对于隔振摆台隔振性能的提高有着重要的作用。下面就摆台的 Q 值和机械热噪声进行估算和测量。

对于有阻尼系统的自由振动，其单自由度的运动微分方程为

$$I\ddot{\theta}(t) + c\dot{\theta}(t) + k\theta(t) = 0 \tag{4-14}$$

上式可以写为

$$\ddot{\theta}(t) + 2\xi\omega_n\dot{\theta}(t) + \omega_n^2\theta(t) = 0 \tag{4-15}$$

其中

$$\omega_n = \sqrt{\frac{k}{I}},\ \xi = \frac{c}{2I\omega_n} \tag{4-16}$$

第一项为系统的自然频率，第二项为无量纲的黏滞阻尼因子或阻尼率。解方程可得通解为

$$\theta(t) = \mathrm{e}^{-\xi\omega_n t}\left(X_1\mathrm{e}^{\omega_n\sqrt{\xi^2}-t} + X_2\mathrm{e}^{-\omega_n\sqrt{\xi^2}-t}\right) \tag{4-17}$$

对于密闭气室而言，其属于小阻尼（大于 0 小于 1）情况，上通解可以写为

$$\theta(t) = \mathrm{e}^{-\xi\omega_n t}(X_1\mathrm{e}^{\mathrm{i}\omega_d t} + X_2\mathrm{e}^{-\mathrm{i}\omega_d t}) \tag{4-18}$$

其中

$$\omega_d = \omega_n\sqrt{1-\xi^2} \tag{4-19}$$

称为有阻尼的自然频率。

应用欧拉公式可以将上式化简为

$$\theta(t) = X\mathrm{e}^{-\xi\omega_n t}\cos(\omega_d t - \varphi) \tag{4-20}$$

其中，$X\mathrm{e}^{-\xi\omega_n t}$ 可以视为自由振动的振幅。它表明有阻尼系统的自由振动是一种减幅振动，其振幅按照指数规律衰减，阻尼率越大，振幅衰减越快。

根据力学系统品质因数 Q 的定义可得

$$Q = \frac{1}{\xi} \tag{4-21}$$

对于这样一个摆台系统，在没有外界能量干预的情况下，摆台的振幅会随着时间的推移逐渐衰减，衰减的快慢主要取决于系统黏滞阻尼的大小[5]，对于阻尼的大小，可以用摆台在一个周期内损耗的能量与总能量的比值来衡量，而在小阻尼的情况下，摆台系统的品质因数 Q 可以表示为

$$Q = \frac{\omega_0}{\gamma} \tag{4-22}$$

其中，γ 为摆台系统的阻尼系数，测量摆台的品质因数也就转化成了测量摆台的振幅，对振幅衰减过程的数据进行一阶指数衰减拟合得到衰减因子，再利用上式关系得到摆台系统的品质因数。

将微震仪置于摆台上测量摆台的振幅随时间的变化曲线如图 4-9(a) 所示，利用 matlab 去飘工具对原始数据进行去飘处理，并提取出摆台的振幅，随后对振幅数据进行一阶指数衰减拟合，继而可以得到摆台的品质因数为 6583，本征频率为 0.52Hz，如图 4-9(b) 所示。

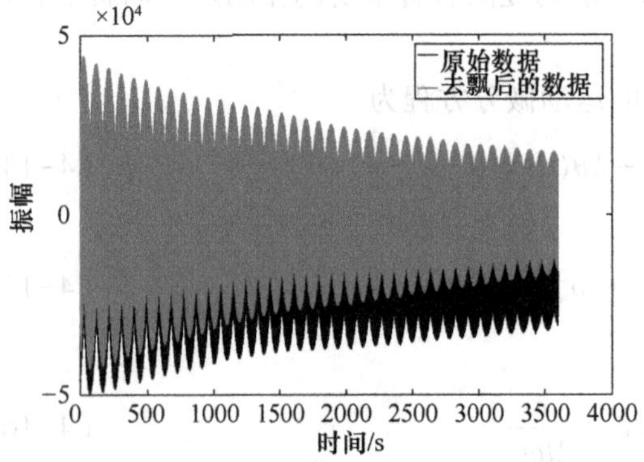

(a) 振幅时域衰减曲线

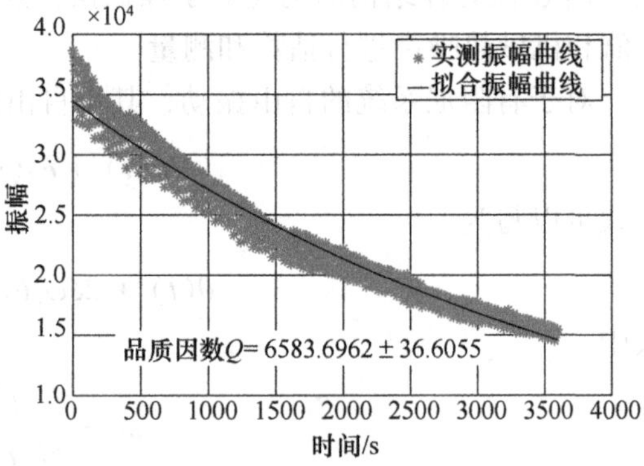

(b) 振幅拟合曲线

图 4-9 摆台振幅衰减时域曲线及 Q 值拟合

在得到摆台品质因数后，对摆台的机械热噪声进行计算。在大气环境中，黏滞阻尼占主导地位，自由摆的运动方程如下形式

$$I\ddot{\theta} + \gamma\dot{\theta} + k\theta = \tau_{\text{thermal}} \tag{4-23}$$

根据涨落耗散定理，系统的热噪声驱动力矩表示为

$$\tau_{\text{thermal}}^2 = 4k_{\text{B}}TR \tag{4-24}$$

$$R = \text{Re}[Z(\omega)] \tag{4-25}$$

其中，k_{B} 为玻耳兹曼常数，$Z(\omega)$ 为机械阻抗，R 为机械阻抗的实部

$$Z(\omega) = \frac{\tau}{\dot{\theta}} = \mathrm{i}\omega I + \gamma + \frac{k}{\mathrm{i}\omega} \tag{4-26}$$

$$R = \text{Re}[Z(\omega)] = \gamma \tag{4-27}$$

所以，热噪声驱动角度响应谱密度为

$$\theta^2(\omega) = \frac{\tau_{\text{thermal}}^2}{\omega^2 Z(\omega) Z(\omega)^*} = \frac{4k_{\text{B}}TR}{\omega^2 |Z(\omega)|^2} = \frac{4k_{\text{B}}T\gamma}{\omega^2\gamma^2 + (\omega^2 I - k)^2} \tag{4-28}$$

由摆台系统运动学方程可得摆台传递函数为

$$H_{\text{thermal}} = \frac{\theta(\omega)}{\ddot{\theta}(\omega)} = \frac{\theta}{\tau/I} = \frac{I}{(\mathrm{i}\omega)^2 I + \mathrm{i}\omega\gamma + k} \tag{4-29}$$

所以，摆台系统的机械热噪声贡献到加速度上可以表示为

$$a_{\text{thermal}} = \ddot{\theta}(\omega)L = \frac{\theta(\omega)L}{H_{\text{thermal}}(\omega)} = \frac{\sqrt{\dfrac{4k_{\text{B}}T\gamma L^2}{\omega^2\gamma^2 + (\omega^2 I - k)^2}}}{\sqrt{\dfrac{I^2}{\omega^2\gamma^2 + (\omega^2 I - k)^2}}} = \sqrt{\frac{4k_{\text{B}}T\gamma L^2}{I^2}} = \sqrt{\frac{4k_{\text{B}}TL^2\omega_0}{IQ}} \tag{4-30}$$

其中

$$\omega_0^2 = \frac{k}{I},\ Q = \frac{I\omega_0}{\gamma} \tag{4-31}$$

将摆台参数及测得的 Q 值代入上式可以计算出摆台系统的热噪声为

$$a_{\text{thermal}} = \sqrt{\frac{4k_B TL^2\omega_0}{IQ}} = 3.72 \times 10^{-12}(\text{m/s}^2)/\text{Hz} \tag{4-32}$$

由上式计算结果可以看出，摆台系统的机械热噪声远小于微震仪本底噪声和静电悬浮加速度计本底噪声，因此，摆台系统的机械热噪声满足静电悬浮加速度计本底噪声测试需求。

4.3　摆台系统加速度噪声的初步测试

4.3.1　摆台上加速度噪声测试

由于框架固定在地面上，因此地面振动加速度是通过框架顶面摆台的悬挂点传递给摆台的。在实验之前，先对框架的振动噪声进行测试，在框架顶部放置一台微震仪来测试摆台悬挂点的振动噪声，同时用同型号微震仪测量地面振动噪声作为对比，测试结果如图 4-10 所示。

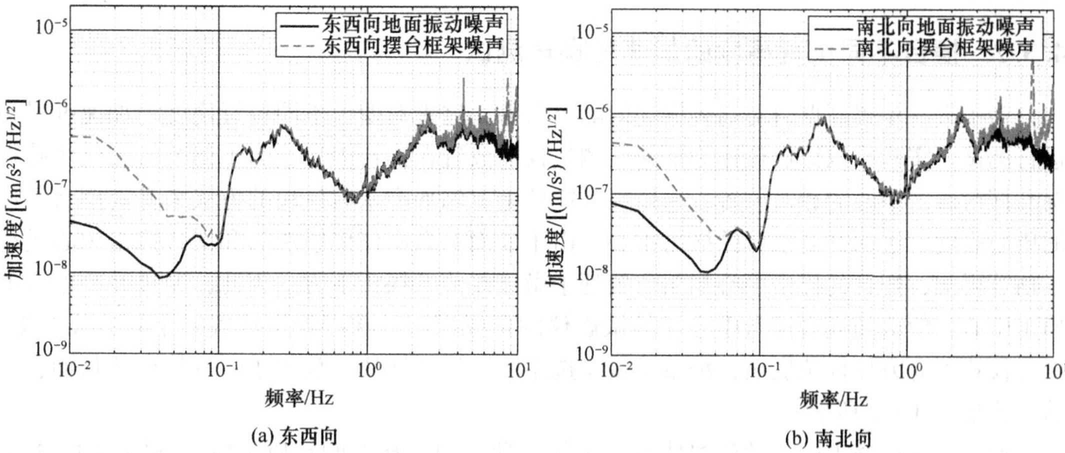

图 4-10　框架和地面振动噪声对比

图 4-10(a) 和图 4-10(b) 分别展示了东西方向和南北方向摆台框架振动噪声和地面振动噪声对比。由对比曲线可以看出，在 0.1Hz 以上的频段范围内，框架噪声和地面振动噪声十分吻合；在 0.1Hz 以下的频带，摆台的振动噪声高于地面振动噪声水平。可能是由于温度波动引起的框架形变，导致框架低频振动噪声升高。由于传递给摆台的振动噪声是悬挂框架的振动噪声，所以本书后面的加速度噪声谱曲线中均以悬挂框架的振动噪声作为对比振动噪声。

在未对摆台上微震仪的位置进行调节前，将微震仪放置于摆台中央，对摆台上的加速度噪声进行测试，并与摆台框架的振动噪声进行对比，加速度噪声功率谱密度曲线如图

4-11 所示。

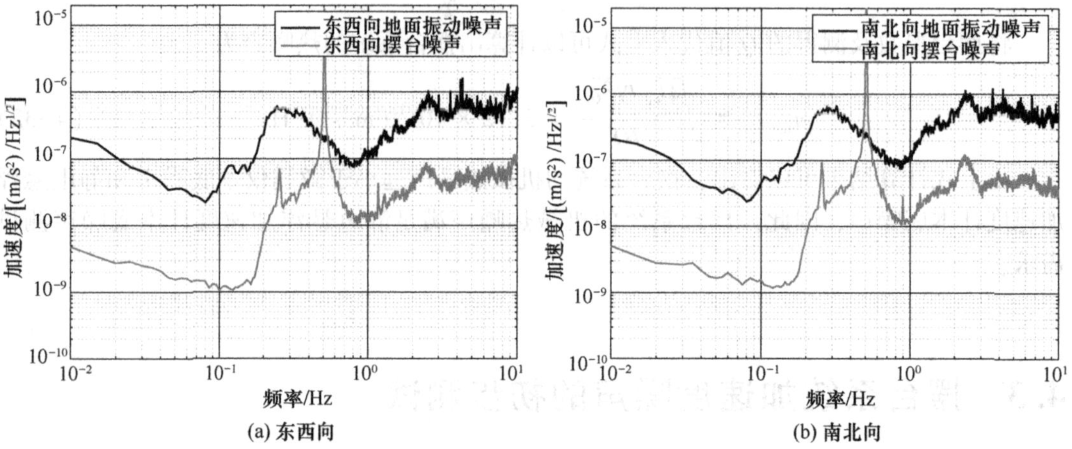

图 4-11　摆台上加速度噪声功率谱密度曲线

从对比结果可以看出，微震仪测得的摆台东西方向振动噪声和南北方向振动噪声没有明显差异，且摆台上加速度噪声明显低于摆台框架振动噪声，在 1～10Hz 的高频段摆台对框架振动的衰减约 20dB，而在 0. 2Hz 以下的低频段，摆台对框架振动的衰减达到 30dB 以上。摆台上加速度噪声功率谱密度曲线上 0. 5Hz 和 0. 25Hz 处的波峰分别对应摆台摆动运动的共振峰和摆台扭转运动的共振峰。

4. 3. 2　摆台不同位置高度的加速度噪声测试

为了进一步提高摆台对高频振动的隔离效果，这里对摆台不同位置高度的加速度噪声进行测试。实验中以微震仪作为加速度测量仪器放置在摆台中央，为了调节微震仪传感探头和摆台撞击中心的相对位置，采用在微震仪上方添加配重质量块的方式来升高摆台整体的质心高度，进而升高摆台的撞击中心，由于前面对微震仪传感探头和摆台撞击中心进行了估算得知，摆台的撞击中心初始位置处于微震仪传感探头下方，因此，通过升高摆台的撞击中心，便能使摆台撞击中心靠近微震仪的传感探头。在摆台上放置一个立方体框架，微震仪置于立方体框架底面，配重质量块选用圆柱形的铁块，放置于立方体框架顶面，实验装置如图 4-12 所示。

通过对摆台撞击中心的位置估算，选用三种不同质量的配重质量块，分别为 3. 43kg、5. 16kg 和 6. 02kg，它们对于摆台撞击中心到微震仪传感探头的距离的调节效果分别是撞击中心位置低于微震仪传感探头、撞击中心位置与微震仪传感探头重合、撞击中心位置高于微震仪传感探头。分别测试了这三种情况下摆台的加速度噪声水平，并与摆台无配重质量块时摆台上的加速度噪声进行对比，加速度功率谱密度曲线如图 4-13 所示。

从图 4-13 中可以看出，在微震仪上方放置不同质量的配重块时，摆台摆动运动共振频率以上频段的高频加速度噪声明显降低，当添加的配重块质量为 5. 16kg 时，微震仪传感探头的位置最接近摆台的撞击中心，此时摆台上的高频加速度噪声最低，在 1Hz 处达到了 $2\times10^{-9}(m/s^2)/Hz^{1/2}$，同时在 0. 1～0. 2Hz 频带，摆台上加速度噪声优于 $1\times10^{-9}(m/s^2)/Hz^{1/2}$。但是，相比于未添加配重质量块时摆台上的加速度噪声，添加配重质量块后，摆台在

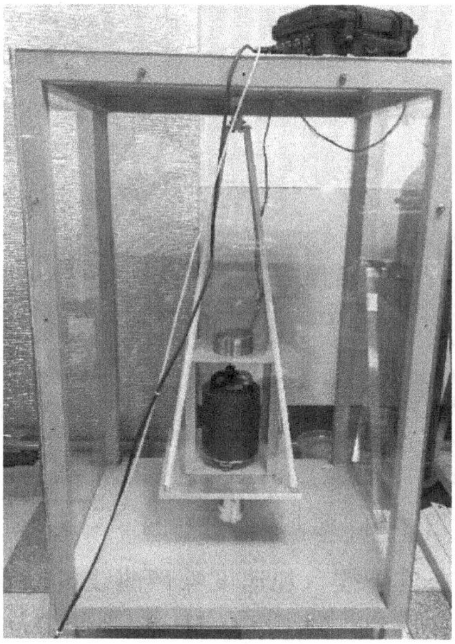

图 4-12　摆台撞击中心调节配重块安装实物图

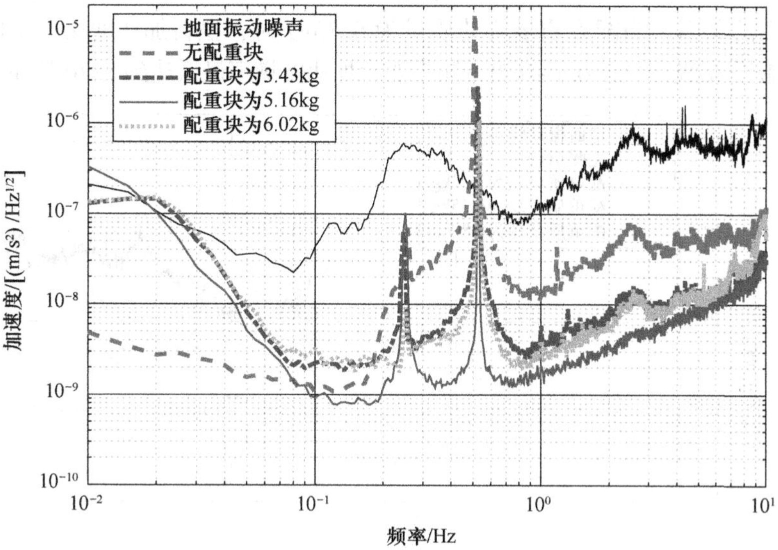

图 4-13　加不同配重质量块时摆台的加速度噪声

0.1Hz 以下频带的低频加速度噪声明显升高，在 0.02Hz 处已升高到了地面振动的水平。比较添加配重质量块前后的实验状态，用来放置配重质量块的立方体框架结构的不稳定导致了摆台的低频加速度噪声升高。

为了避免使用其他附加结构引入低频噪声，将用以调节摆台系统质心高度的配重质量块直接放置于微震仪顶面，实验装置如图 4-14 所示。通过对摆台撞击中心高度的估算，选用三种配重质量块，分别为 3.32kg、6.35kg 和 8.80kg，配重块分别放置在微震仪顶面，对摆台上的加速度噪声进行测试，三种情况下摆台加速度噪声功率谱密度曲线如图 4-15 所示。

图 4-14　配重质量块放置于微震仪顶面

从添加三种不同配重块条件下摆台加速度噪声曲线可以看出，当放置 6. 35kg 的配重块在微震仪顶面时，微震仪在摆台共振频率 0. 5Hz 以上频带范围内的加速度噪声最小，而在 0. 2Hz 以下的低频段摆台上的加速度噪声与没有添加配重质量块时摆台的加速度噪声保持一致，没有出现升高的现象，说明之前放置配重质量块的立方体框架是引起摆台低频加速度噪声升高的原因。当配重质量块的质量为 6. 35kg 时，摆台加速度噪声在 0. 7~8Hz 达到 $10^{-9}(m/s^2)/Hz^{1/2}$ 量级，且在 0. 1~0. 2Hz 频带摆台加速度噪声最低达到 $8\times10^{-10}(m/s^2)/Hz^{1/2}$。

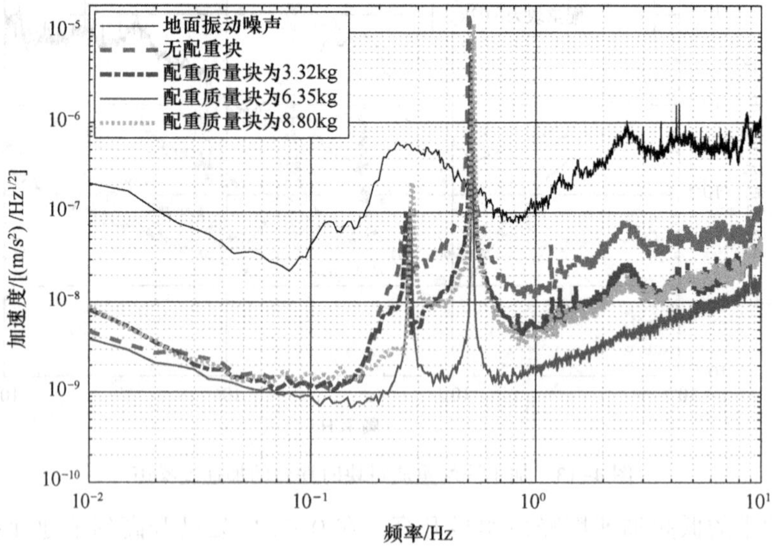

图 4-15　摆台上不同高度位置的加速度噪声曲线

除了 0. 5Hz 处的摆台摆动运动的共振峰加速度幅值较高，在 0. 28Hz 处摆台扭转模态的共振峰峰值达到了 $7\times10^{-8}(m/s^2)/Hz^{1/2}$，根据第 2 章摆台扭转运动耦合理论，摆台的扭转运动加速度会影响摆台低频的隔振效果。导致摆台扭转运动耦合的主要原因是微震仪的传感探头偏移摆台扭转轴，下面通过调节微震仪传感探头的水平位置，使其靠近摆台的扭转轴，从而降低摆台扭转运动耦合噪声。

4.3.3　摆台不同水平位置的加速度噪声测试

从前面的分析可知，摆台的扭转加速度噪声会通过微震仪传感探头偏离摆台扭转轴的距离耦合到水平方向，所以为了抑制扭转峰对摆台低频隔振效果的影响，必须保证微震仪传感探头处在摆台扭转轴上。通过对微震仪的拆解可以知道，微震仪对水平、正交两方向的加速度测量分别由两个传感探头监测，其在微震仪内部的位置如图 4-7 所示。当微震仪整体放置在摆台中央时，实际水平方向两个传感探头均不在摆台的中心，因此，通过调整微震仪在摆台上的位置可以使得两个水平、正交方向探头中的一个靠近摆台扭转轴线，而另一个水平方向传感探头只能被迫远离摆台扭转轴线。实验中，通过移动微震仪调整微震仪东西方向的探头靠近摆台扭转轴，并在摆台上放置一块配平质量块来调平台面，通过对摆台台面角度的调节实现对微震仪传感探头水平位置的微调，同时微震仪顶面放置配重质量块，用来调节摆台撞击中心的位置，如图 4-16 所示。

图 4-16　微震仪传感探头水平位置调节实物图

对比微震仪东西方向传感探头和南北方向传感探头测量的摆台加速度噪声曲线，如图 4-17 所示。代表东西方向传感探头的加速度噪声曲线在 0.25Hz 处的扭转共振峰加速度幅值比南北方向传感探头的加速度幅值衰减了约 30dB，达到了 $4\times10^{-9}(m/s^2)/Hz^{1/2}$。由此可见，通过将传感探头靠近摆台扭转轴，可以有效抑制摆台扭转运动耦合到水平方向，但是，对于扭转峰以下的低频区域，摆台加速度噪声没有改善。

根据图 4-5 所示的微震仪的本底噪声曲线，将其换算成加速度功率谱密度曲线，与经过位置调节后的微震仪实测摆台加速度噪声曲线对比，如图 4-18 所示。图 4-18 中，洋红色细实线表示微震仪自身的加速度噪声功率谱密度曲线，对比摆台上微震仪实测的加速度噪声曲线可以看出，在 0.2Hz 以下的低频区域，微震仪实测摆台加速度噪声接近其自身本底噪声，但是距离摆台理论加速度噪声水平（红色粗实线）还有一个量级的差距。在摆台摆动共振频率 0.52Hz 以上的高频区域，微震仪实测的摆台上加速度噪声优于 $2\times10^{-8}(m/s^2)/Hz^{1/2}$，接近摆台理论加速度噪声水平。

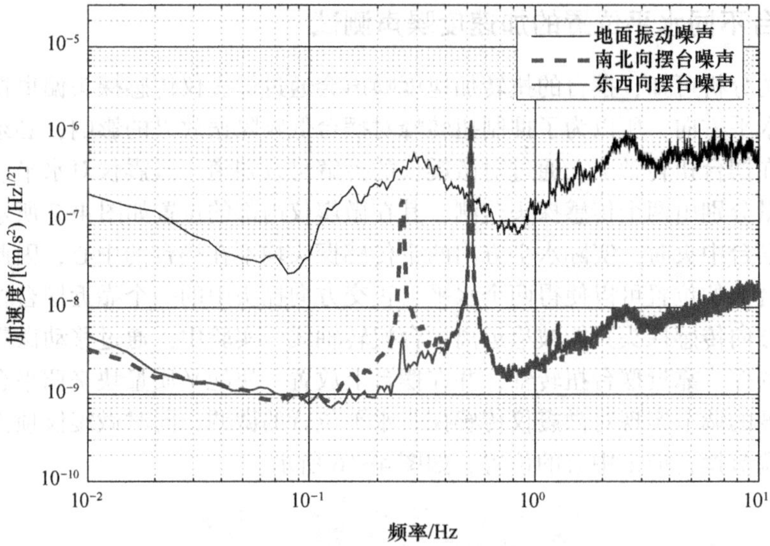

图 4-17　摆台上不同水平位置的加速度噪声曲线

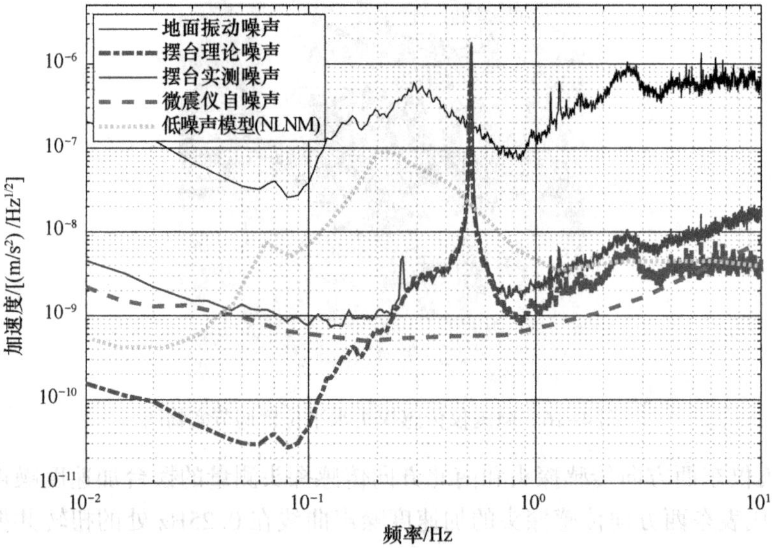

图 4-18　摆台加速度噪声对比

4.4　本章小结

本章首先设计并搭建了一套隔振摆台，并对摆台的关键结构——悬挂挠曲的刚度进行了详细计算，根据隔振需求设计了一个二维悬挂簧片，实现了摆台水平、正交两方向的自由摆动，并具备一定的抗扭转刚度。选用了一款三分向正交一体商用微震仪作为摆台加速度噪声测试仪器，并对其内部机械结构进行了详细建模，计算出了微震仪传感探头相对于摆台系统质心的位置，并根据它们的位置关系提出了一种摆台上微震仪传感探头位置调节方案：通过在摆台上添加配重质量块的方式改变摆台系统的质心位置，从而改变微震仪传感探头相对于摆台质心的位置。

设计实验测量了摆台上不同位置高度高频隔振效果的差异，测量结果表明：越靠近摆台系统撞击中心，高频隔振效果越好。同时，确认了微震仪内部水平方向传感探头的位置，通过移动微震仪在摆台上的位置，测量了水平传感探头靠近摆台扭转轴和远离摆台扭转轴时摆台的加速度噪声，验证了摆台上微震仪传感探头的水平位置会影响摆台扭转运动到水平方向的耦合，在传感探头靠近摆台扭转轴时，水平方向加速度噪声曲线上的扭转共振峰峰值明显低于传感探头远离摆台扭转轴时的测量结果。最终经过位置调节，摆台上加速度噪声在 0. 01～10Hz 可以达到 $10^{-9}(m/s^2)/Hz^{1/2}$ 量级水平，最低在 0. 1Hz 处达到 $1\times10^{-9}(m/s^2)/Hz^{1/2}$。

参考文献

[1] Quinn T J, Speake C C, Brown L M. Materials problems in the construction of long-period pendulums[J]. Philosophical Magazine A, 1992, 65(2): 261-276.

[2] 许本安，李秀治．材料力学．中国，上海：上海交通大学出版社，1988.

[3] Hicks S P, Goessen S, Rietbrock A, et al. Long-term self-noise estimates of seismic sensors from high - noise vault installations. http://www. https://eprints. soton. ac. uk/416697/.

[4] Peterson J R. Observations and modeling of seismic background noise. http://pubs. er. usgs. gov/publication/ofr93322.

[5] 李有堂．机械振动理论与应用［M］. 北京：科学出版社，2012.

第5章　隔振摆台的环境影响分析

高精度静电悬浮加速度计量程小、分辨率高，在地面对其进行性能研究时，除了不可避免地会受到地面振动的影响，其他环境噪声，如磁场、温度、空气扰动等都会对静电悬浮加速度计的地面研究造成影响。因此，针对温度、空气扰动及仪器的测试线缆对隔振摆台的影响需要做进一步分析研究。此外，由前面的分析可知，摆台悬挂簧片的刚度对于摆台的隔振性能有重要的影响，实验中，摆台上的微震仪测试线缆会引到摆台外部跟数据采集器连接，为了降低线缆的刚度，可采用软质导线对数据线缆进行改装，以减少其对摆台自由摆动的影响。最后，就环境温度、空气扰动和数据线缆对摆台隔振性能的影响分别设计实验验证。

5.1　环境温度影响分析

5.1.1　实验环境温度噪声测试

由于高精度静电悬浮加速度计对实验环境要求苛刻，通常静电悬浮加速度计实验要在极度安静的实验环境下进行，以尽可能地降低外界环境扰动对实验的影响。华中科技大学引力实验中心坐落在武汉瑜珈山上，几十年来通过对瑜珈山防空洞的改造，已逐步将其变为引力研究实验室（见图5-1）。山洞有着得天独厚的安静环境，温度四季恒定，同时在一定程度上隔绝了外界的振动，非常适合开展高精度静电悬浮加速度计地面研究。

图5-1　山洞实验室

利用高精度测温仪器实测山洞实验室温度波动如图 5-2 所示。图中给出了山洞实验室连续 10h 的温度监测数据，从数据中可以看出，山洞实验室温度基本维持在 22.65℃左右，1h 内的最大温度波动在 0.03℃水平，10h 内的最大温度波动在 0.07℃水平，这相比于常规实验室的温度波动水平已经是非常优秀了。

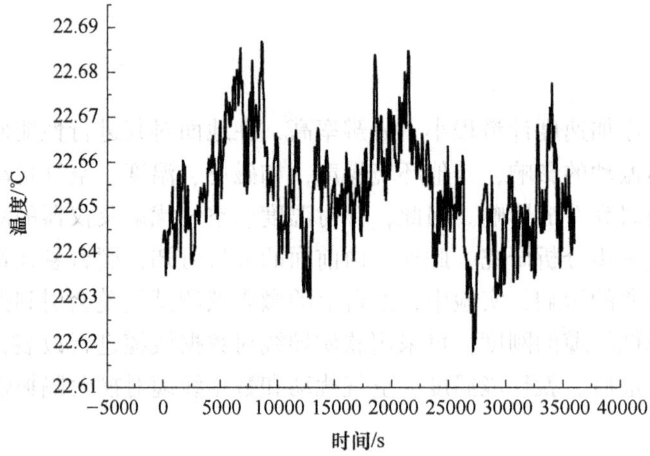

图 5-2　山洞实验室温度数据

尽管摆台加速度噪声测试实验是在山洞实验室进行的，环境温度波动较小，但目前还无法确定当前温度环境下的温度波动对摆台加速度噪声测试的影响。静电悬浮加速度计摆台测试装置如图 5-3 所示，摆台的悬挂框架由钢材焊接而成，表面用有机玻璃板密封，但框架内部仍然存在气体运动，这部分气体运动的影响有待进一步评估。

图 5-3　隔振摆台装置实物图

为了评估实验环境温度变化引起的摆台结构的热形变及气流扰动对摆台加速度噪声的影响，首先就摆台加速度噪声测试过程中摆台框架内外的温度进行测量。测量仪器采用锦州仪器公司生产的 JT-11 型高精度测温仪，一台仪器上配有两个温度传感探头，可以实现两路温度采集，温度测量精度可以达到 0.1mK，仪器实物如图 5-4 所示。

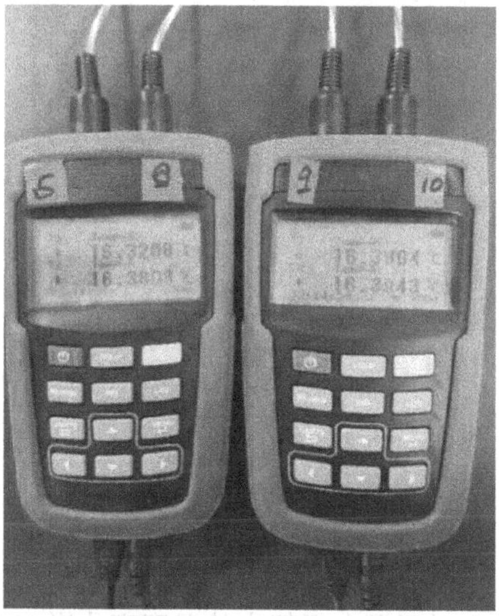

图 5-4　JT-11 型高精度测温仪

将测温仪的两个温度探头分别放置在摆台框架内和框架外，同时进行长达 10h 的温度测量，摆台框架内外温度的时域变化曲线和功率谱曲线如图 5-5 所示。由温度时域变化曲线可以明显看出，摆台框架内部的温度波动比摆台框架外部的温度波动小，温度波动约为 0.02℃，温度维持在 22.3℃水平，而在温度功率谱曲线上可以看到，在 0.1Hz 处，摆台框架外部的温度波动为 $10mK/Hz^{1/2}$，而摆台框架内部的温度波动维持在 $1mK/Hz^{1/2}$ 水平。

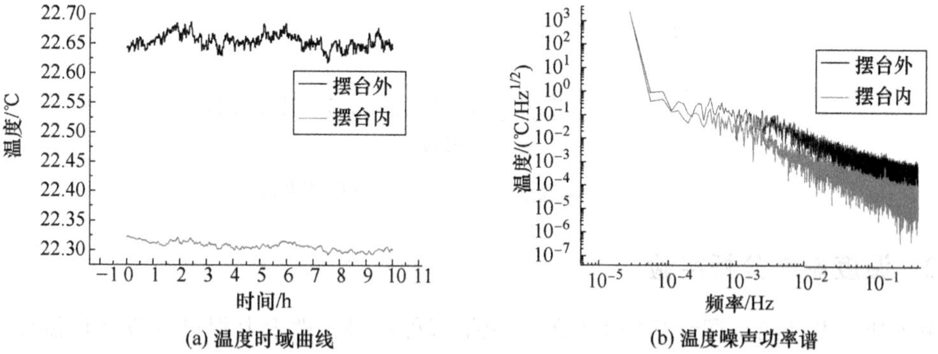

图 5-5　摆台框架内外温度时域曲线及功率谱密度曲线

为了进一步探究实验环境温度噪声的极限，对摆台框架进行了进一步密封，采用隔热泡沫板对摆台框架的四周、顶部和底部进行了包裹，效果如图 5-6 所示，并对摆台框架内的温度进行了长时间监测。

用温度计分别记录了摆台框架内部保温前后的温度变化，温度监测曲线如图 5-7 所示。由温度计采集到的数据可以看出，在数据记录的前 2h，无论是摆台框架保温前还是保温后，摆台框架内的温度都呈现明显的下降趋势，这是由于人为实验操作升高了环境温度，待温度实验记录开始后，环境温度慢慢恢复正常水平。在接下来的数小时温度数据中

图 5-6　摆台框架保温处理效果图

可以看出，摆台框架保温措施对于摆台框架内的温度变化影响不大。

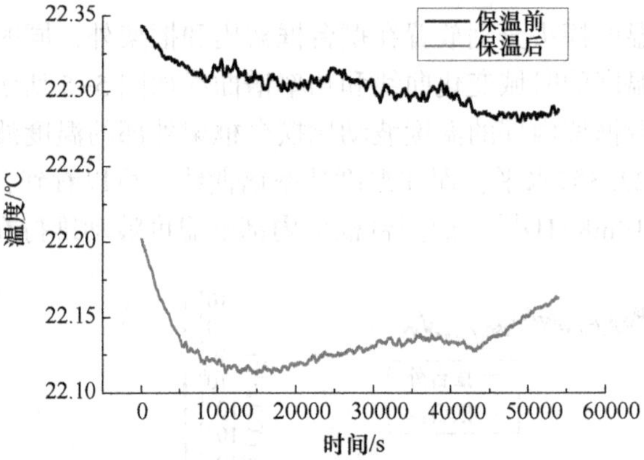

图 5-7　保温前后摆台框架温度监测曲线

5.1.2　温度影响分析实验

由于加速度计测试摆台结构不规则且包括多种材料，理论上很难计算环境温度变化引起的结构形变，此外，空气动力学模型也较为复杂，因此通常采用温度调制实验来评估实验环境温度对摆台加速度噪声的影响。

调制与解调技术是无线电广播及现代计算机信息传输和通信的基础[1]。在物理学中，调制实验方法被广泛应用于实验研究。通过周期性地施加外界扰动可以得到调制信号。通过对调制信号的分析得出实验研究中外界扰动的影响。实验一般流程：人为改变环境温度，使得环境温度产生周期性变化；测量温度周期性变化的过程中摆台上加速度噪声的变化，拟合出环境温度跟摆台上加速度的关系表达式；将常温下温度波动数据代入此关系表达式，计算出在正常环境温度波动条件下环境温度所产生的加速度扰动，进而分析环境温度波动对摆台上残余加速度噪声的影响。

图 5-8　摆台框架内部温度调制实验装置图

为了使环境温度周期性波动，这里采用一个 25W 的照明灯对摆台框架内部进行周期性照射，从而改变摆台框架内部的温度，如图 5-8 所示。整个温度调制周期为 16h，加热照明灯照明 8h 后关闭 8h，周期循环，期间微震仪同步监测摆台上的残余加速度噪声。整个温度调制实验进行了 60h，截取其中 2.5 个周期的温度变化数据和对应的微震仪测量的摆台上残余加速度数据，由于微震仪直接采集的是速度数据，并分别绘制摆台内温度时域变化曲线和摆台上速度噪声时域变化曲线，如图 5-9 所示。

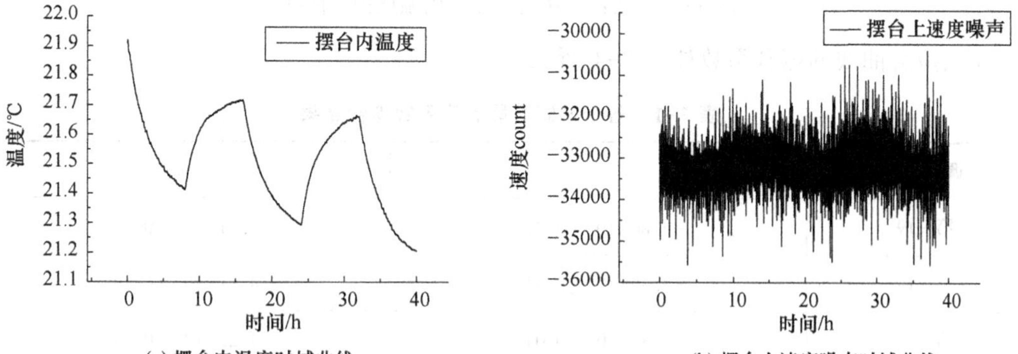

(a) 摆台内温度时域曲线　　(b) 摆台上速度噪声时域曲线

图 5-9　温度和加速度噪声实测数据

对比摆台内温度变化时域曲线和摆台速度变化时域曲线可以看出，二者的时域变化呈现明显的相关性。取两段温度上升的数据和两段温度下降的数据分别与对应的摆台速度数据进行线性拟合，线性拟合的公式为

$$\text{count} = a + b \cdot T$$

其中，count 代表摆台上的速度信号，T 代表摆台框架内的温度，利用 origin 软件的线性拟合工具进行线性拟合[2]，拟合结果如图 5-10 所示。

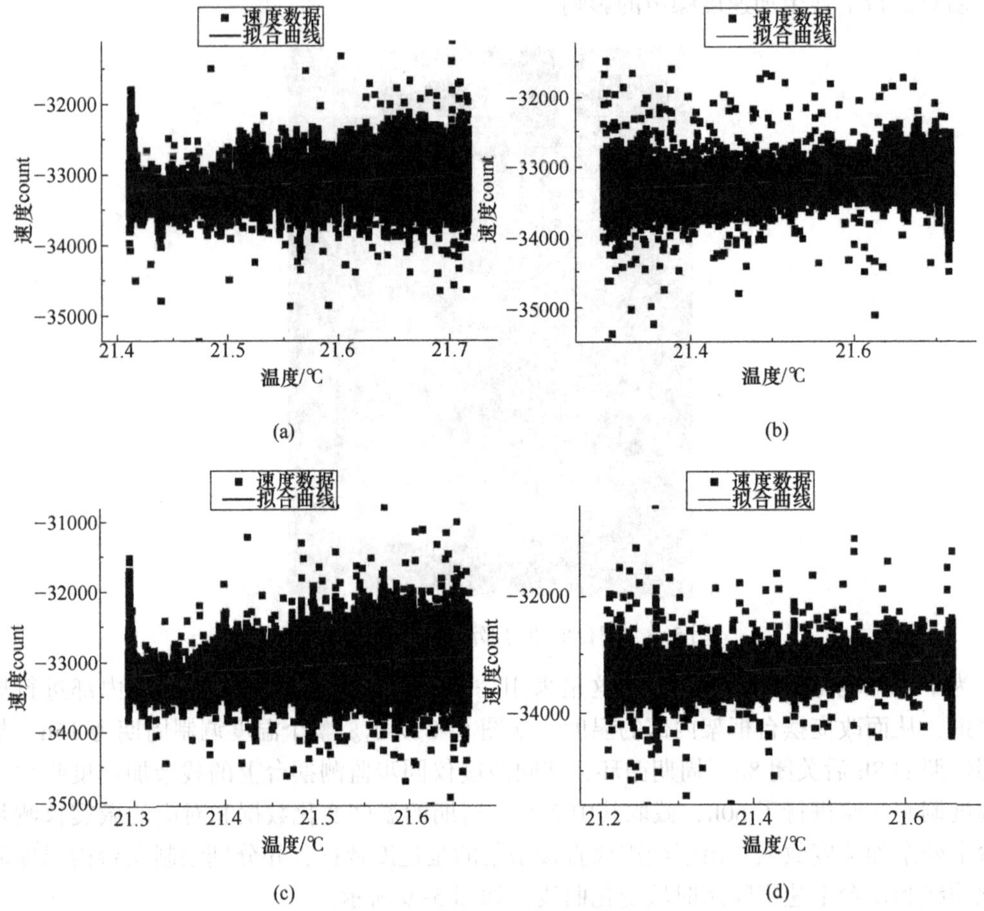

图 5-10　摆台上速度与摆台内温度拟合曲线

4 条拟合曲线的拟合系数如表 5-1 所示。

表 5-1　各个调制阶段温度系数拟合结果

调制阶段	*a*	*b*
第一段	-4.86×10^4（0. 04）	7.21×10^2（0. 20）
第二段	-4.35×10^4（0. 02）	4.81×10^2（0. 10）
第三段	-4.86×10^4（0. 04）	7.22×10^2（0. 19）
第四段	4.81×10^4（0. 02）	6.95×10^2（0. 10）
均值	-4.72×10^4（0. 03）	6.55×10^2（0. 15）

将这 4 个拟合系数的均值作为最终的环境温度到摆台上加速度噪声的表达式系数，将图 5-2 中摆台框架内的温度数据代入此拟合关系表达式，将环境温度数据转化为对应的加速度噪声数据，利用 origin 软件画出环境温度引起的加速度噪声功率谱密度曲线，如图 5-11 所示。

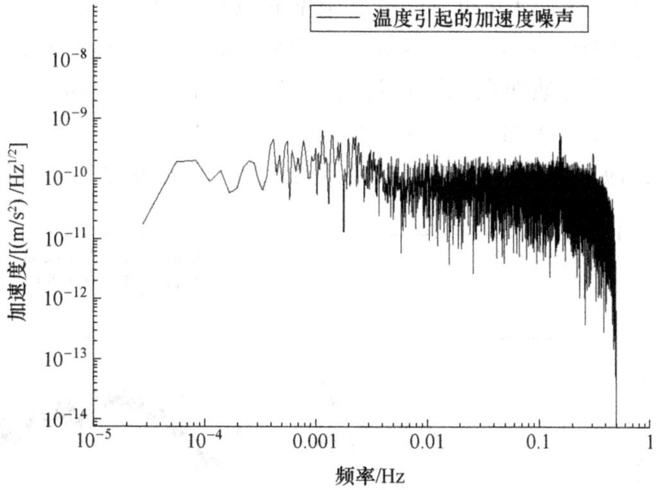

图 5-11　摆台内温度波动引入的加速度噪声功率谱密度曲线

由图 5-11 可以看出，在 0.01～0.5Hz 频带，摆台框架内温度波动引入的加速度噪声约在 $1\times10^{-10}(m/s^2)/Hz^{1/2}$ 水平。

5.2　空气扰动影响分析

前面的实验都是在大气下进行的，整个装置用有机玻璃板密封，以避免外界空气与摆台框架内空气对流对摆台的影响。但是，整个密封框架的容积达到了 1000L，其内部仍然有空气流动，为了验证空气流动对实验的影响，这里把摆台悬挂在内部尺寸为 1.2m×1.2m×1.2m 的真空腔内，为了适应真空腔尺寸，缩短了摆台的摆长，拉杆长度由原来的 1m 减小到 0.6m，通过理论计算出减小尺寸摆台隔振率并无明显变化，共振频率略微变化，摆动模态下共振频率为 0.65Hz，扭转模态下共振频率为 0.28Hz，实验装置如图 5-12 所示。

(a) 真空腔外部实物图　　(b) 真空腔内摆台悬挂实物图

图 5-12　真空腔摆台测试装置图

由于更换了实验地点，首先对真空腔实验室的地面振动噪声进行测量。真空腔固定在光学平台上，其自身的振动噪声可以等效为光学平台的振动噪声，这里用微震仪测试了光学平台的振动噪声，并与地面振动噪声进行了对比，如图 5-13 所示。由图 5-13 可以看出，光学平台的振动噪声和地面振动噪声基本一致，除了在 2.3Hz 处光学平台振动噪声曲线出现一个高于地面振动 3 倍的尖峰，其可能是光学平台自身结构的共振峰。

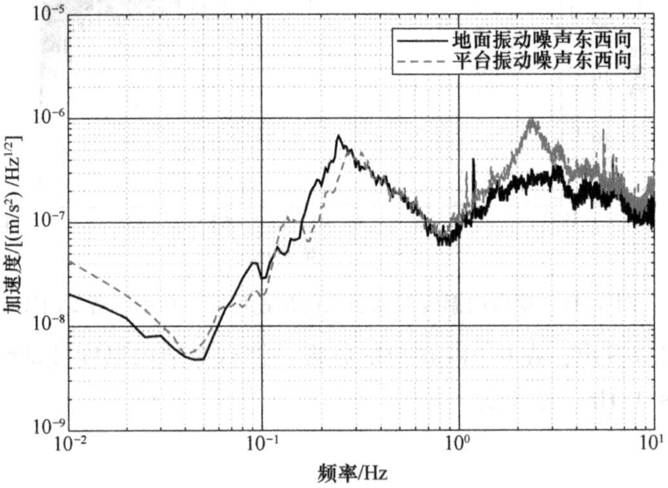

(a) 东西向

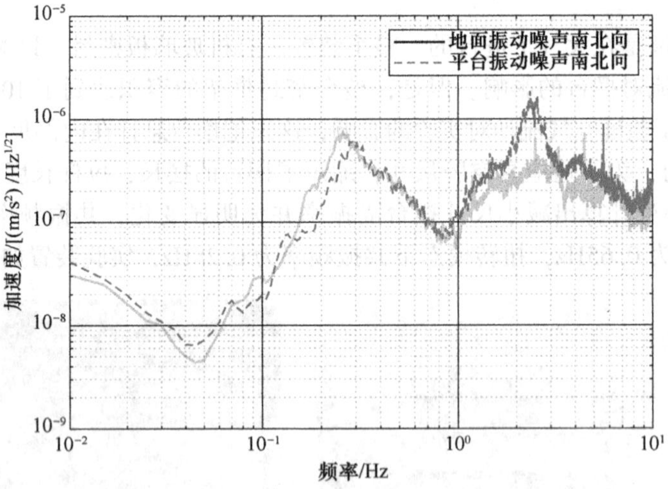

(b) 南北向

图 5-13　光学平台和地面振动噪声对比

为了测量摆台的 Q 值计算摆台系统的机械热噪声，这里用同样的方法将微震仪置于摆台上，测量摆台的振幅随时间的衰减曲线，提取出摆台的振幅，并对其进行一阶指数衰减拟合，继而得到摆台的品质因数[3-4]。分别在常压环境下和低真空环境下对摆台进行测量，考虑到微震仪自身的耐压极限，这里低真空气压为 0.03bar。微震仪测得摆台系统的本征频率为 0.65Hz，摆台振幅时域曲线及品质因数 Q 值拟合曲线分别如图 5-14 和图 5-15 所示，从图中可以看出，常压环境下和低真空环境下摆台系统的品质因数 Q 值分别为 4521

和 5683，低真空环境下气体阻尼大幅减小，因此摆台系统的 Q 值较常压环境有所升高，对应的加速度噪声分别为 $2.69\times10^{-12}(\mathrm{m/s^2})/\mathrm{Hz}^{1/2}$ 和 $2.42\times10^{-12}(\mathrm{m/s^2})/\mathrm{Hz}^{1/2}$，均低于微震

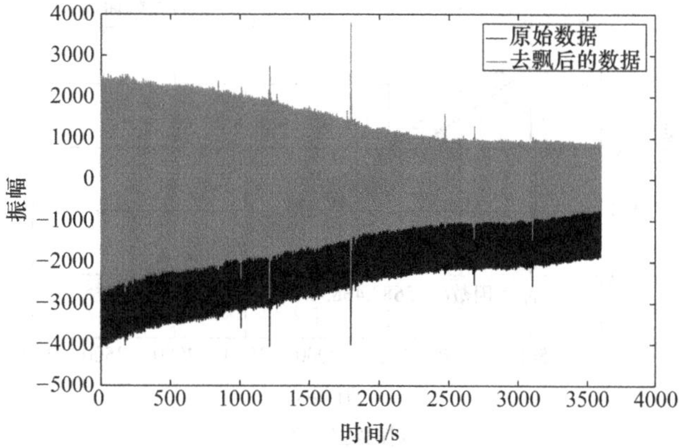

(a) 振幅时域衰减曲线

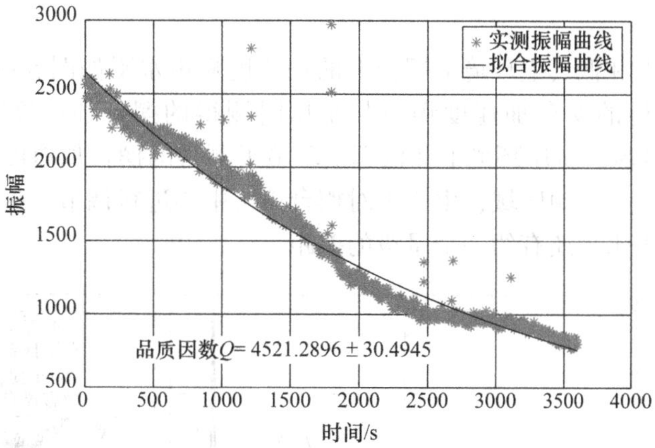

(b) 振幅拟合曲线

图 5-14　常压下摆台振幅衰减时域曲线及 Q 值拟合结果

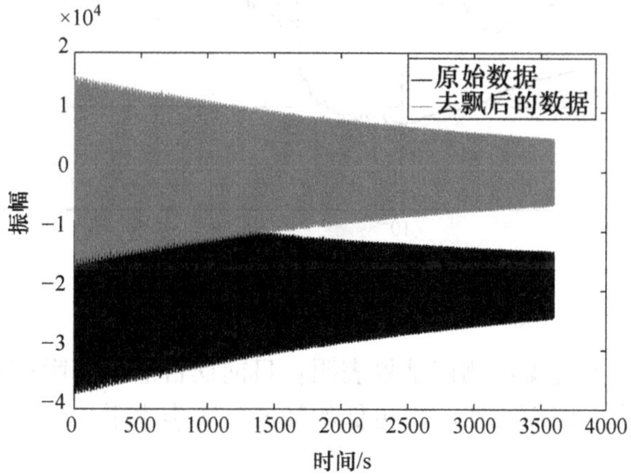

(a) 振幅时域衰减曲线

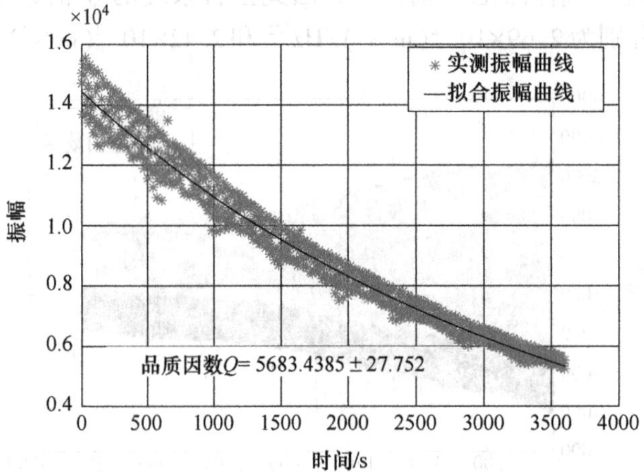

(b) 振幅拟合曲线

图 5-15　低真空下摆台振幅衰减时域曲线及 Q 值拟合结果

仪本底噪声水平。

对比常压环境下和低真空环境下摆台上的加速度噪声水平如图 5-16 所示。在低真空环境下，微震仪测得的摆台加速度噪声与常压时测得的摆台加速度噪声基本一致，在 0.2Hz 以下的低频区域，常压环境下和低真空环境下测得的摆台加速度噪声均达到了微震仪本底噪声的水平；在高频区域，由于未对摆台撞击中心进行调节，摆台高频加速度噪声距离微震仪本底噪声水平还有约一个量级的差距。

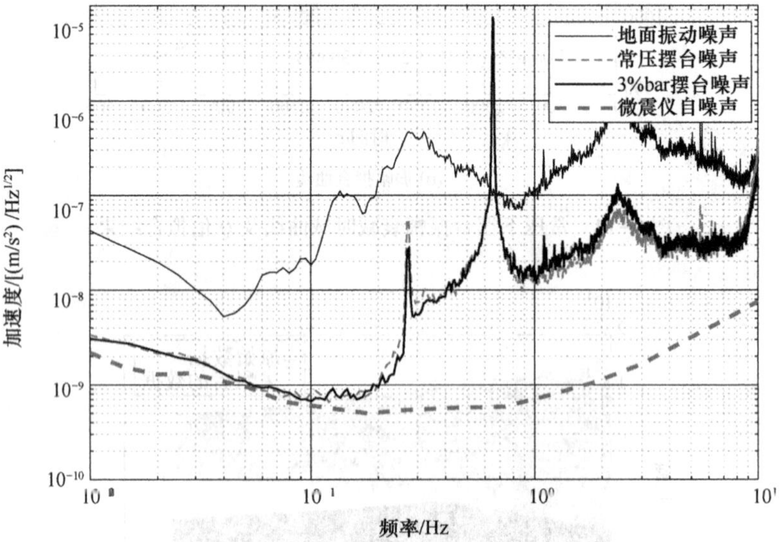

图 5-16　真空下摆台加速度噪声测试

真空环境下摆台加速度噪声测试结果表明：目前摆台加速度噪声水平测试结果受限于微震仪自身的本底噪声，因而无法测得更低的加速度噪声水平。

5.3　设备线缆影响分析

在加速度计测试摆台装置中，除了悬挂簧片来连接摆台和框架，摆台上待测仪器的数据导线从摆台上引出，与外部测量仪器连接，这也是摆台与外界的一个软连接，该部分连接也会引入一部分刚度和损耗。所以要测试微震仪数据线缆对摆台加速度噪声的影响。

在摆台加速度噪声的测试过程中，微震仪数据线缆在一定程度上会影响摆台的自由运动，因此线缆必须足够长，以保证摆台运动过程中不会被牵引。同时线缆的质量也不可忽略，若线缆过长，其重力引入的牵引力也会影响摆台的运动。对于这种软质导线，很难从理论上计算其机械连接刚度与损耗，所以测量方法是：在微震仪上增加一束相同的数据线缆对摆台进行加速度噪声测试，对比之前没有增加数据线缆测得的摆台加速度噪声来推算数据线缆对摆台加速度噪声的影响。这里选用前面真空腔内悬挂的摆台在常压下进行线缆的噪声测试，摆台上微震仪除了用于通信供电的线缆，额外制作一根相同的微震仪数据线缆固连在微震仪顶面，以相同的方式引出摆台，实际装置如图 5-17 所示。

图 5-17　双数据线摆台噪声测试

微震仪记录的摆台振幅不断衰减的过程、时域曲线及品质因数 Q 值拟合曲线如图 5-18 所示。从拟合结果看，摆台的品质因数为 2595，较之前单数据线测试结果有所下降，机械热噪声对应的加速度噪声为 $3.55\times10^{-12}(\mathrm{m/s^2})/\mathrm{Hz}^{1/2}$，仍远低于微震仪本底噪声水平。

同时，微震仪还测试了摆台稳定后的加速度噪声，对比了单数据线缆与双数据线缆摆台加速度噪声功率谱密度曲线，如图 5-19 所示。由图 5-19 可以看出，增加一根数据线缆对摆台加速度噪声并未产生影响，因此可以得出结论，目前摆台低频加速度噪声水平并不是受限于数据线缆的噪声。

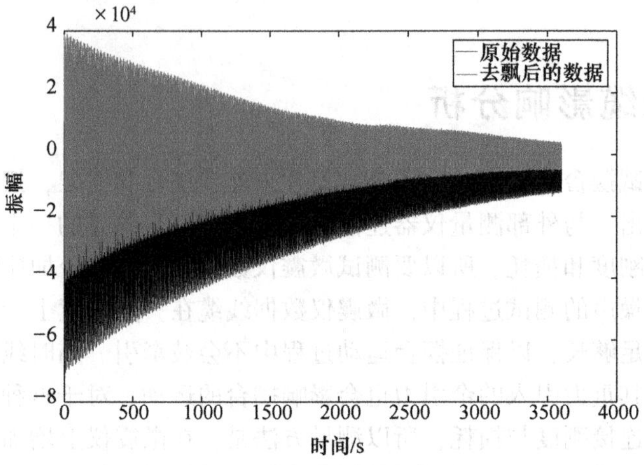

(a) 振幅时域衰减曲线

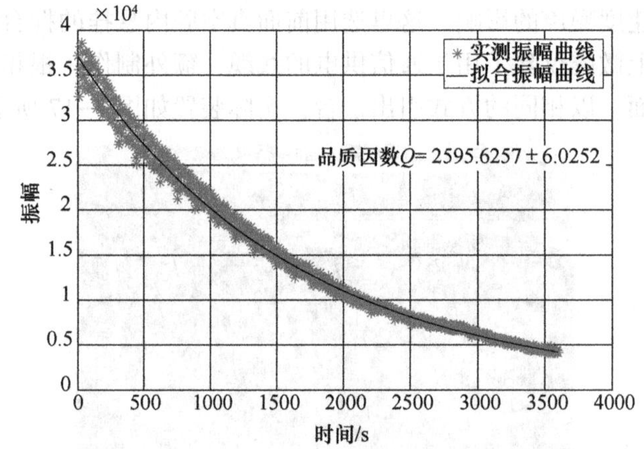

(b) 振幅拟合曲线

图 5-18　双数据线摆台振幅时域曲线及 Q 值拟合结果

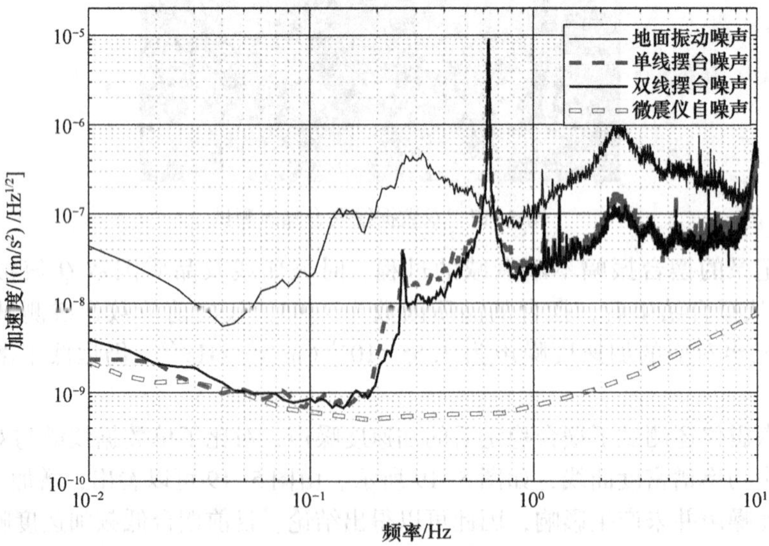

图 5-19　单、双数据线摆台噪声对比

5.4　本章小结

本章主要介绍了隔振摆台的测试实验环境，包括环境温度、环境气压和实验测试线缆，并分析了隔振摆台所受各个环境因素的影响。首先，通过高精度温度计测得实验环境温度在 0.1Hz 处的温度波动为 $1\mathrm{mK/Hz^{1/2}}$，并通过温度调制的实验方法对环境温度的噪声进行了估算，换算出对应的加速度噪声水平约为 $1\times10^{-10}(\mathrm{m/s^2})/\mathrm{Hz^{1/2}}$。

其次，针对摆台内空气扰动的影响，开展了环境气压影响实验研究，进行了低真空下摆台噪声测试。在尺寸为 1.2m×1.2m×1.2m 的真空腔内部搭建了小尺寸隔振摆台，进行了低气压摆台噪声测试。实测在 3%bar 大气压下，摆台的加速度噪声相比于常压下摆台加速度噪声变化并不明显，在 0.1Hz 处均达到了 $1\times10^{-9}(\mathrm{m/s^2})/\mathrm{Hz^{1/2}}$ 的水平。

最后，开展了摆台内部设备与外界设备连接的测试线缆对摆台隔振性能的影响。这里通过增加相同线缆的方式来对比增加线缆前后摆台噪声的变化，以此来评估线缆对摆台隔振性能的影响。实验中，在对摆台测试线缆改装后，进行了在单、双测试线缆条件下的摆台加速度噪声测试，通过对比实验结果发现，摆台在 0.1Hz 处的加速度噪声水平约为 $1\times10^{-9}(\mathrm{m/s^2})/\mathrm{Hz^{1/2}}$，并没有呈现出明显的变化。

根据以上环境噪声评估实验，可以初步判断，在现有的实验环境条件下，摆台上的加速度噪声在 0.1Hz 处可以达到 $1\times10^{-9}(\mathrm{m/s^2})/\mathrm{Hz^{1/2}}$ 的水平。对于实现加速度噪声为 $10^{-9}(\mathrm{m/s^2})/\mathrm{Hz^{1/2}}$ 水平的静电悬浮加速度计测试指标，实验环境温度、环境气压和实验测试线缆均可以满足静电悬浮加速度计的测试需求。

参考文献

[1] 陈树新，尹玉富，石磊．通讯原理［M］．北京：清华大学出版社，2020.
[2] 丁金滨．Origin 科技绘图与数据分析［M］．北京：清华大学出版社，2023.
[3] Numata K，Horowitz J，Camp J. Coated fused silica fibers for enhanced sensitivity torsion pendulum for LISA[J]. Physics Letters A，2007，370：91-98.
[4] Ageev A，Palmer B C，Felice A D，et al. Very high quality factor measured in annealed fused silica[J]. Class. Quantum Grav.，2004，21：3887-3892.

第 6 章　静电加速度计测试摆台系统的设计与研制

相比于集成度较高的商用微震仪，高压悬浮静电加速度计的结构更为复杂，体积较为庞大，质量相比于商业微震仪更重，测试装置如图 6-1 所示[1]。静电加速度计高压悬浮方案地面测试系统包括加速度计传感探头、水平方向传感控制电路、竖直方向高压悬浮电路及角度调节平台。从图 6-1 可以看出，整套装置的占用空间明显比微震仪大，且整套系统质量为 20kg。因此，针对待测的高压悬浮静电加速度计地面测试摆台，需要考虑测试摆台的装载能力及悬挂挠曲的强度，重新设计一套能够满足测试需求的测试摆台。

图 6-1　高压悬浮静电加速度计地面测试

6.1　摆台悬挂结构设计

根据静电加速度计高压悬浮地面测试系统的质量及占用空间设计一套大负载摆台，以满足测试需求。摆台台面是装载静电加速度计的主要结构单元，需要考虑台面的强度、平面度及热形变等，因此，加工一套这样的摆台台面难度较大。商用光学平台结构稳定、尺寸多样，且有多种材料可选，可以满足不同的测试需求，适合作为摆台的台面。这里选用了索雷博公司的一款光学面包板作为摆台的台面，面板尺寸为 900mm×1200mm，厚度为 60mm，质量为 106kg，面板采用 304L 级等效无磁钢材料，整体采用全钢构造，经过精密压接成形，结构坚固且热稳定性高。面板表面有 M6 阵列螺纹孔，可用于安装固定加速度计各部件。根据摆台悬挂簧片结构的不同和摆台是否有阻尼装置，这里设计搭建了下面三种摆台，并对其加速度噪声进行测试。

6.1.1 一体式簧片悬挂摆台加速度噪声测试

悬挂簧片结构沿用前面的设计，采用圆柱形铍青铜棒一体加工而成。摆台悬挂于长1.7m、宽1.4m、高2m的钢筋框架内，框架同样用有机玻璃板密封。摆台实物图及一体式簧片实物图如图6-2所示。摆台和一体式簧片具体参数如表6-1所示。

(a) 摆台台面实物图　　(b) 簧片实物图

图6-2　大负载摆台实物图

表6-1　大负载摆台结构参数

名称/单位	数　值	名称/单位	数　值
台面尺寸	900mm×1200mm×60mm	簧片弯曲刚度	0.42N·m/rad
总质量	135kg	竖直方向转动惯量	22.84kg·m^2
拉杆长度	1200mm	水平方向转动惯量	17.22、22.50kg·m^2
等效摆长	1020mm	系统扭转频率	0.15Hz
簧片尺寸	10mm×25mm×0.25mm	系统摆动频率	0.47、0.46Hz
簧片扭转刚度	0.55Nm/rad		

大负载摆台搭建完成后，先对大框架加速度噪声进行测量，并与小框架和地面振动噪声进行对比，结果如图6-3所示。从图中可以看出，大负载摆台框架的振动噪声和小摆台框架的振动噪声在0.1Hz以上的频带基本吻合，在0.1Hz以下的频带略有差异，且均高于地面振动噪声水平约一个量级。由于加速度计在0.1Hz以下受到器件1/f噪声的限制，加速度噪声水平随频率的降低迅速升高，因此对于0.1Hz以下频带的噪声水平可以放宽要求。

为了评估大负载摆台的机械热噪声，用微震仪测量摆台振幅衰减时域曲线及摆台的品质因数Q值拟合结果如图6-4所示。摆台品质因数Q值拟合结果为14946，相对于小尺寸摆台而言，大尺寸大质量摆台受气体阻尼的影响较小、自身能量较大、能量衰减较慢，因此其Q值比小尺寸摆台有明显升高，对应的摆台机械热噪声为$3.81\times10^{-13}(m/s^2)/Hz^{1/2}$。

待摆台振幅稳定后，测量摆台的加速度噪声水平。由于大负载摆台的自身质量较大，它稳定下来需要较长久的时间，因此这里对摆台进行了长时间的测量，分别取第一天、第五天及第九天的数据进行对比，加速度功率谱密度曲线如图6-5所示。图中，0.1Hz处的

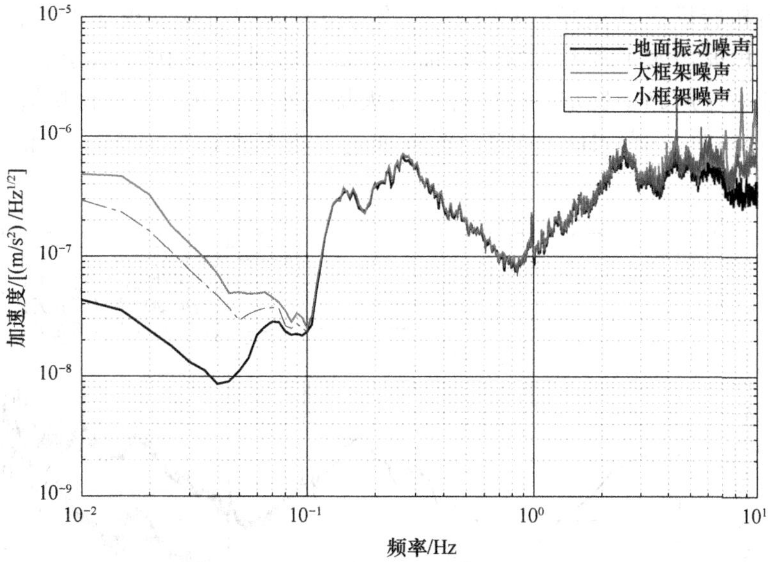

图 6-3　大、小框架振动噪声对比

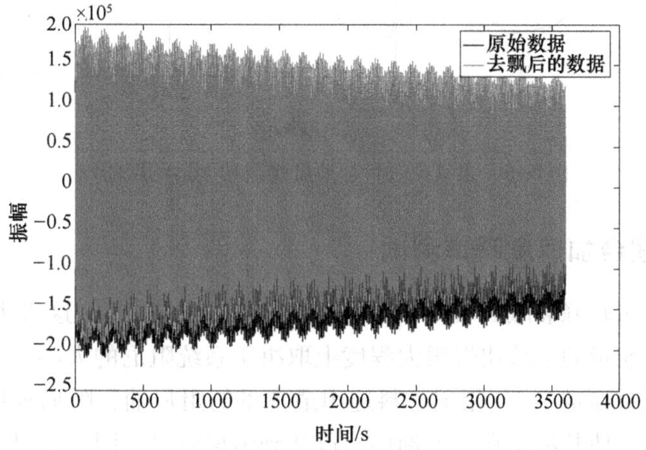

(a) 振幅时域衰减曲线

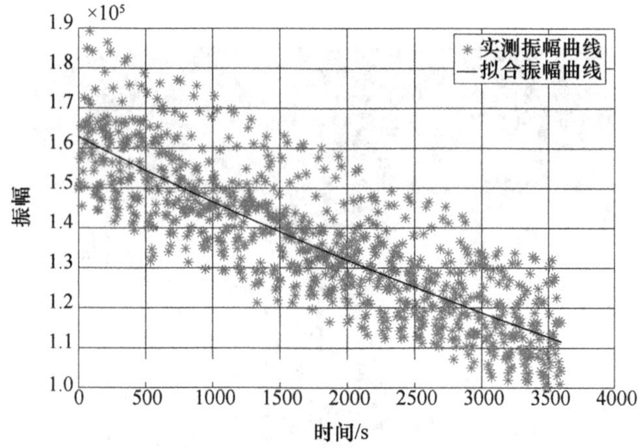

(b) 振幅拟合曲线

图 6-4　大负载摆台振幅时域衰减曲线及 Q 值拟合

共振峰为摆台扭转模态共振峰，0.55Hz 处的共振峰为摆台摆动模态的共振峰。第一天，摆台低频加速度噪声水平较差，扭转峰幅值较高，达到了 $1\times10^{-5}(m/s^2)/Hz^{1/2}$；第五天，摆台低频加速度噪声趋于稳定，扭转峰幅值大幅减小；第九天，摆台扭转峰幅值趋于稳定，达到了 $6\times10^{-9}(m/s^2)/Hz^{1/2}$，摆台低频加速度噪声在 0.1～0.2Hz 频带达到了 $3\times10^{-9}(m/s^2)/Hz^{1/2}$。

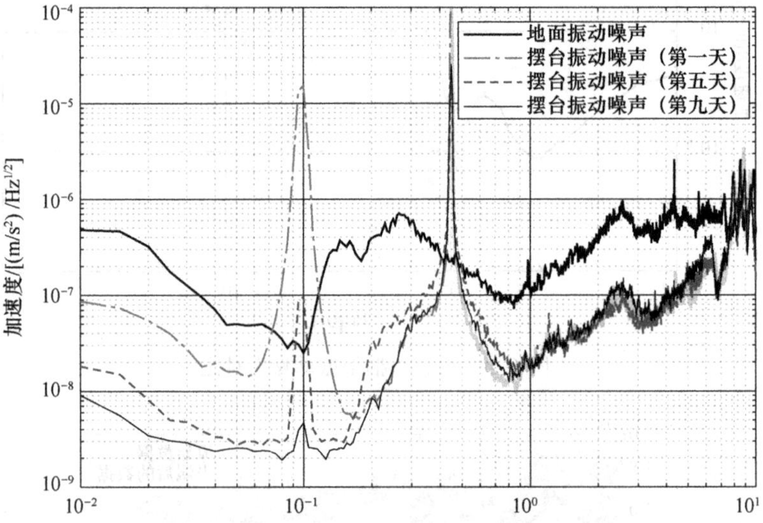

图 6-5 大负载摆台加速度噪声功率谱密度曲线

6.1.2 带阻尼摆台加速度噪声测试

摆台稳定后，扭转峰衰减到较低水平需要超过一周的时间，这极大地增加了实验时间。一个运动系统能量的衰减快慢很大程度上取决于系统阻尼的大小，所以这里考虑增加阻尼装置以加快摆台稳定[2-3]。阻尼材料选用最常见的阻尼油，阻尼施加方式是在摆台下底面黏结一根铝棒，使其浸没在阻尼油中，以达到阻尼效果，同时通过升降台调节阻尼油的高度来调节阻尼棒浸入的深度，以达到调节阻尼大小的目的。阻尼实验装置如图 6-6 所示。

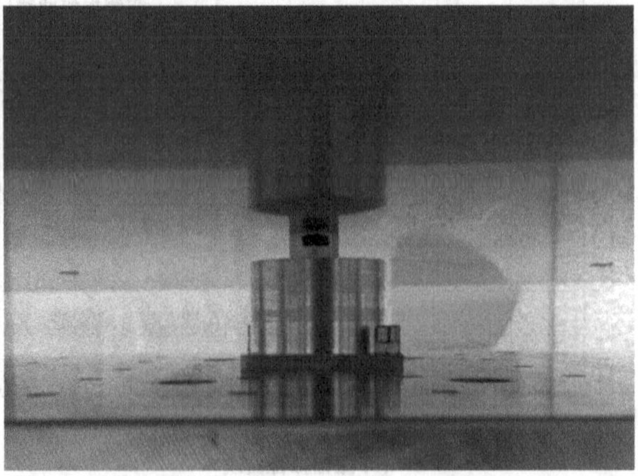

图 6-6 摆台下表面阻尼装置图

添加适当的阻尼后，摆台振幅的稳定时间基本维持在几小时，测量摆台振幅的稳定过程，给出摆台振幅衰减的时域曲线，并对摆台的品质因数进行拟合，结果如图 6-7 所示。摆台的品质因数下降到了 3270，相较添加阻尼之前的品质因数下降至 1/4，对应的机械热噪声为 $8.23\times10^{-13}(m/s^2)/Hz^{1/2}$。

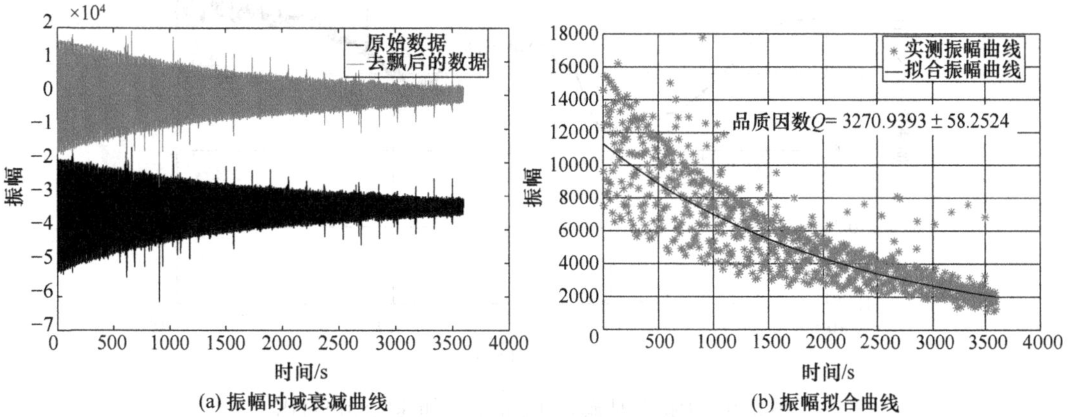

图 6-7　阻尼下摆台振幅时域衰减曲线及 Q 值拟合

调节施加的阻尼大小，对比不同阻尼情况摆台的稳定时间及摆台的低频加速度噪声。这里测量了三种不同阻尼时的摆台加速度噪声，如图 6-8 所示。三种情况摆台均能在实验装置设置完毕后半天就达到稳定，但小阻尼摆台加速度噪声在 80mHz 附近可以达到 $1\times10^{-9}(m/s^2)/Hz^{1/2}$，但是在 0.1Hz 以上的频带摆台加速度噪声明显升高。

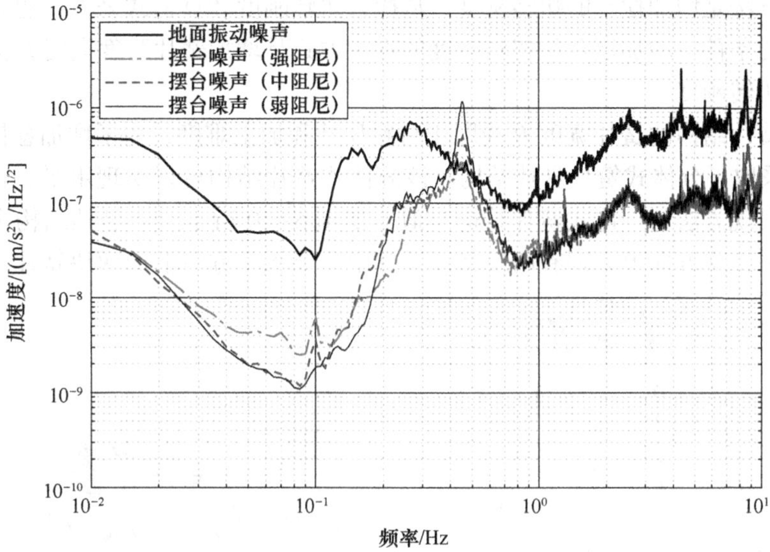

图 6-8　不同阻尼大摆台加速度噪声水平

比较大摆台施加阻尼前后的加速度噪声曲线（见图 6-9）可以看出，施加阻尼会提高摆台在 0.1Hz 到共振频率（0.45Hz）频带的噪声，该频段是静电悬浮加速度计的主要工作频带，这将直接影响加速度计噪声测试水平。

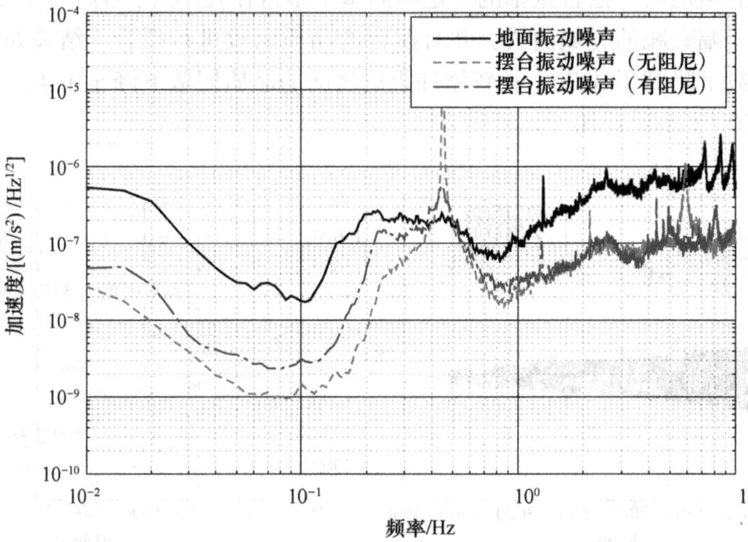

图 6-9　大摆台时施加阻尼前后的加速度噪声对比

6.1.3　分体式簧片悬挂摆台加速度噪声测试

从前面的测试结果可知，采用一体式簧片悬挂结构，摆台的扭转运动衰减较慢，通过给摆台施加阻尼的方式可以有效地减少摆台的稳定时间，但由于阻尼的引入，摆台摆动的共振峰同样会衰减，升高了摆台共振峰（0.45Hz）到 0.1Hz 的加速度噪声。另一种快速稳定摆台的方法是增加摆台的扭转刚度，从摆台扭转刚度计算公式来看，想要在不增大簧片弯曲刚度的条件下增加摆台的扭转刚度的唯一方式是增加簧片跨度宽度 B 提高摆台负载引入的等效扭转刚度。

一体式簧片结构的簧片宽度 B 受限于材料尺寸和加工难度，为了增加悬挂簧片跨度宽度 B，这里采取了分体式簧片悬挂结构，该分体式簧片结构可以实现水平、正交两自由度的摆动，其实现方法与一体式簧片结构类似，如图 6-10 所示。该悬挂结构由 4 块簧片组成，两个水平正交方向上分别有两块簧片，其中一个水平方向上的两块簧片通过夹具直接

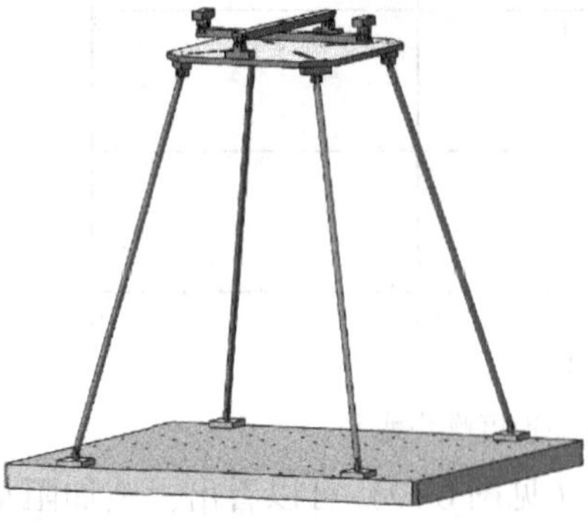

(a) 分体式簧片整体效果图

(b) 分体式簧片悬挂结构

图 6-10　分体式簧片结构模型

固定在框架顶面，另一个水平方向上的两块簧片通过夹具固定在转接板上，转接板再通过拉杆连接摆台，这两对簧片通过十字交叉杆连接在一起，同时保证两对簧片在同一高度，从而实现摆台水平正交两方向的自由摆动，且摆动点在同一高度。

分体簧片结构中的簧片夹具和转接板用铝合金加工，簧片仍用铍青铜加工，方形转接板的尺寸与十字交叉杆的长度一致，转接板上的挖孔和切角处理是为了减少转接板的质量，十字交叉杆的长度即对应簧片宽度 B，由原来的 25mm 增加到 500mm，簧片负载等效扭转刚度增大为原来的 800 倍，扭转频率由 0.14Hz 增加到 4Hz，具体参数如表 6-2 所示。

表 6-2　分体式簧片摆台参数设计值

名称/单位	数　值
簧片转接板尺寸	500mm×500mm×20mm
簧片十字交叉杆尺寸	500mm×40mm×30mm
簧片尺寸	4mm×30mm×0.2mm
簧片扭转刚度	1.69N · m/rad
簧片弯曲刚度	1.29N · m/rad
台面尺寸	900mm×1200mm×60mm
总质量	132kg
拉杆长度	1000mm
等效摆长	973mm
竖直方向转动惯量	26.0kg · m^2
水平方向转动惯量	21.6、20.4kg · m^2
系统扭转频率	4.52Hz
系统摆动频率	0.47、0.47Hz

根据设计的分体式簧片悬挂结构，摆台组装实物图如图 6-11 所示。分体式簧片悬挂结构使得摆台的稳定时间大幅降低，这里用微震仪测量了摆台趋于稳定的过程，给出了摆台振幅衰减的时域曲线和摆台品质因数的拟合结果，如图 6-12 所示。分体式簧片悬挂结构摆台的品质因数为 12063，机械热噪声为 $4.24\times10^{-13}(m/s^2)/Hz^{1/2}$。

用微震仪对摆台上加速度噪声进行测试，对比之前的一体式簧片结构的测试结果，如图 6-13 所示。可以看到，分体式簧片结构摆台的扭转共振频率在 7Hz 处，在 0.2~1Hz 频带的加速度噪声基本与一体式簧片结构摆台的加速度噪声吻合，在 0.02~0.2Hz 和 1Hz 以上频带的加速度噪声略优于一体式簧片结构摆台的加速度噪声。

除了在低频段摆台的加速度噪声略差于一体式簧片结构摆台的加速度噪声，分体式簧片结构还存在结构不可靠的问题，簧片极容易被损坏[4]。由于水平方向上两块簧片跨度宽度 B 相较于一体式簧片增加了 20 倍，因此在同样的摆台扭转角度条件下，分体式簧片所承受的形变远大于一体式簧片，这就导致了分体式簧片很容易在实验装置安装过程中由于发生过大形变而断裂。图 6-14 为摆台上拆装微震仪的过程中簧片断裂的照片。

图 6-11　分体式簧片悬挂摆台实物图

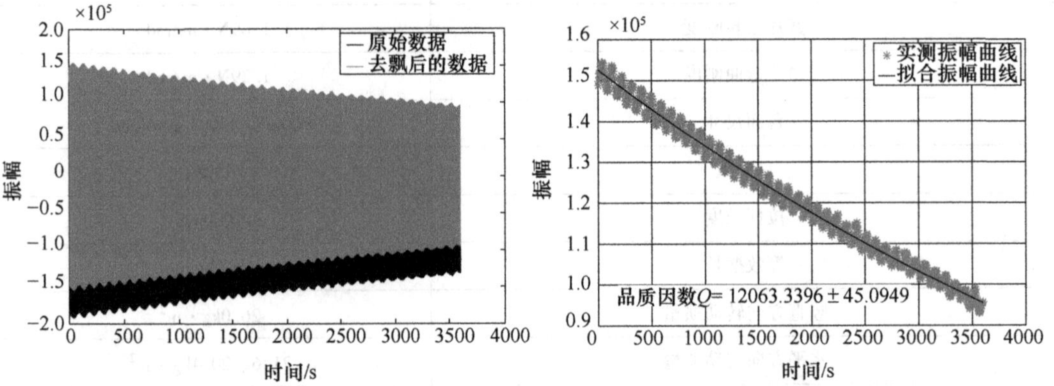

(a) 振幅时域衰减曲线　　(b) 振幅拟合曲线

图 6-12　分体式簧片摆台振幅衰减时域曲线及 Q 值拟合

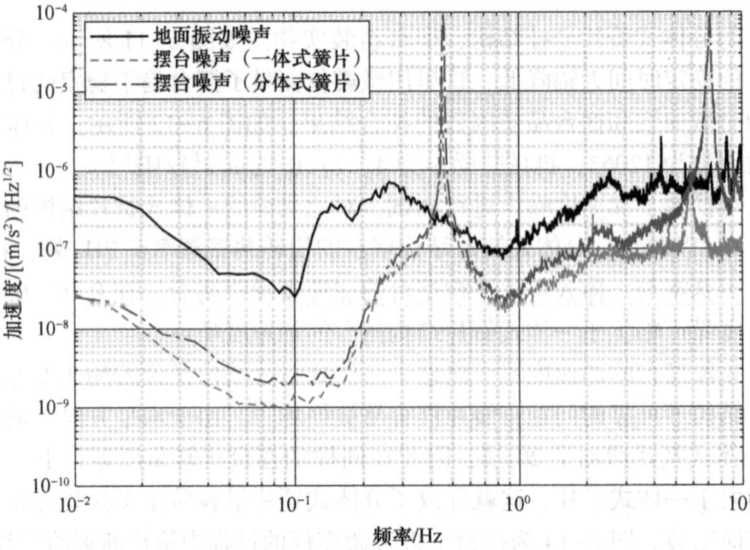

图 6-13　一体式簧片和分体式簧片摆台噪声对比

图 6-14 分体式簧片断裂图

总结一下这三种摆台方案，一体式簧片结构摆台的扭转运动衰减较慢，但是当衰减到较低水平，摆台加速度噪声水平在 0.1Hz 附近可以达到 $1\times10^{-9}(m/s^2)/Hz^{1/2}$；在摆台下底面添加阻尼装置可以快速衰减摆台的扭转运动，同时摆台的摆动运动也会衰减，共振能量抑制到了低频段，提高了摆台的低频加速度噪声，在 0.1Hz 附近只能达到 $3\times10^{-9}(m/s^2)/Hz^{1/2}$；通过改变簧片的结构，增大簧片跨度宽度 B 可以有效增大摆台的扭转刚度，而不改变簧片的弯曲刚度。通过分体式簧片的设计将 B 增大了 20 倍，刚度增大了 500 倍，在摆台噪声测试中，摆台的扭转共振峰升高到了 7Hz，摆台的低频加速度噪声很快趋于稳定，但是在 0.1Hz 附近最低只能到 $3\times10^{-9}(m/s^2)/Hz^{1/2}$ 水平，可见在 7Hz 处的扭转共振峰对摆台低频加速度噪声有一定影响。因此，为了达到较好的低频噪声水平，摆台悬挂结构采用一体式簧片设计，不添加额外阻尼装置，依靠摆台自身稳定能力，摆台上加速度噪声在 0.1Hz 处能达到 $1\times10^{-9}(m/s^2)/Hz^{1/2}$。

6.2 加速度计安装角度调节方案的设计与验证

由于加速度计的精度高、量程小，如果加速度计的水平极板的方向跟重力加速度的方向存在一定夹角，那么重力加速度会沿水平极板方向产生一个分力，当这个分力的大小超出加速度计的量程，加速度计的检验质量便无法被拉回平衡位置，即加速度计无法被捕获，因此不能正常工作，所以在加速度计地面测试时，会通过一个角度调节平台来调节加速度计安装台面的倾角，使得重力加速度沿水平极板方向的分力小于加速度计的量程，从而保证加速度计正常工作[5]。

目前，在静电加速度计高压悬浮方案地面测试中一般使用六自由度调节平台（Hexapod）来调节加速度计水平极板与重力加速度的夹角。NI 公司的 Hexapod 的主要性能参数如表 6-3 所示。

表 6-3 六自由度调节平台性能参数

运动轴	X, Y, Z, θ_X, θ_Y, θ_Z
行程（X, Y）	±22.5mm
行程（Z）	±12.5mm
行程（θ_X, θ_Y）	±7.5°
行程（θ_Z）	±12.5°
最小运动量（X, Y, Z）	0.3μm
最小运动量（θ_X, θ_Y, θ_Z）	3.5μrad
重复定位精度（X, Y）	±0.5μm
重复定位精度（Z）	±0.1μm
重复定位精度（θ_X, θ_Y）	±2μrad
重复定位精度（θ_Z）	±2.5μrad

实验中，把整套加速度地面测试系统放置在摆台上，加速度计探头安装在 Hexapod 上，再安装在摆台中心，加速度计电路盒和用于测试摆台噪声的微震仪安装在加速度计探头周围。整套系统需要与外界连接的线缆包括加速度计数据通信和供电线缆、Hexapod 的数据线缆及微震仪的数据线缆。所有线缆从摆台框架顶部引出，再与框架外部的笔记本和电源相连，实验装置如图 6-15 所示。

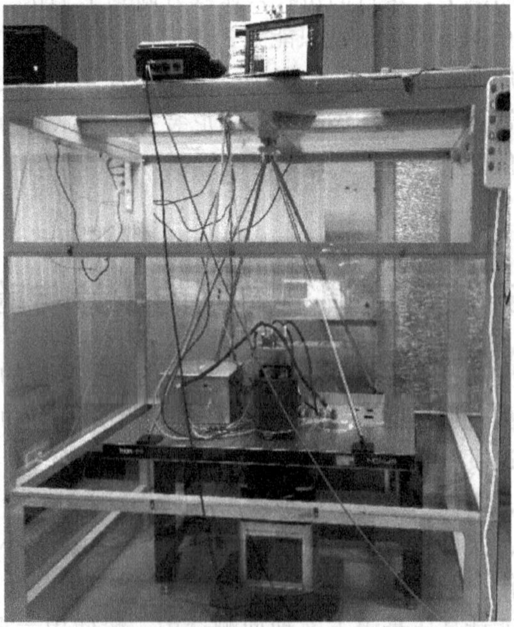

图 6-15 静电加速度摆台联试装置图

静电加速度计全部装置安装在摆台上，并连接所有通信及供电线缆，微震仪测得的摆台加速度噪声在低频段与地面振动噪声相当，摆台在低频段完全失去了隔振能力，且摆台共振峰出现偏移。初步分析认为，是引入的 Hexapod 线缆强度较大导致摆台整体刚度较大，严重限制了摆台的运动，从而影响了摆台的低频隔振性能。随后撤去 Hexapod 线缆，用微震仪测试摆台的加速度噪声，对比连接 Hexapod 线缆时的测试结果，如图 6-16 所示。由图 6-16 可以看出，撤去 Hexapod 线缆，摆台低频段加速度噪声明显降低。因此，Hexapod 数据线缆对摆台低频噪声的影响必须克服。

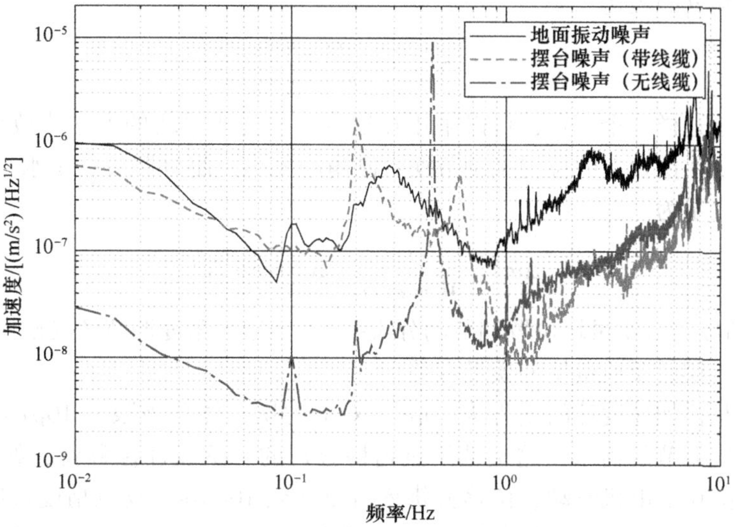

图 6-16　Hexapod 线缆对大摆台加速度噪声的影响

为了克服 Hexapod 数据线缆对摆台低频噪声的影响，可以对线缆进行改装，用软质细导线替代原装的硬质线缆。但是 Hexapod 结构复杂，数据线缆为厂家定制的 85 针屏蔽线线缆，改装难度较大。因此，根据摆台的自身特点设计了一套角度调节方案来替代 Hexapod，从而去除该数据线缆对摆台噪声的影响。

6.2.1　摆台角度调节原理及方案设计

该摆台角度调节方案的基本原理：根据摆台是自由悬挂的特点，利用悬挂垂线必过重心的原理，通过调节摆台系统的重心在水平方向的位置，实现摆台俯仰角度的调节。对于悬挂摆台来说，处于平衡位置时悬挂点的竖直方向垂线必过摆台质心。如果摆台上放置一质量块，而质量块质心与摆台质心不在同一条竖直线上，水平方向有一个位移差，那么质量块会对摆台质心产生一个力矩使摆台摆动，到达新的平衡位置时，摆台质量和质量块相对于新的平衡位置点产生的力矩相互平衡，这个新的平衡位置点即摆台和质量块组成的系统的质心。

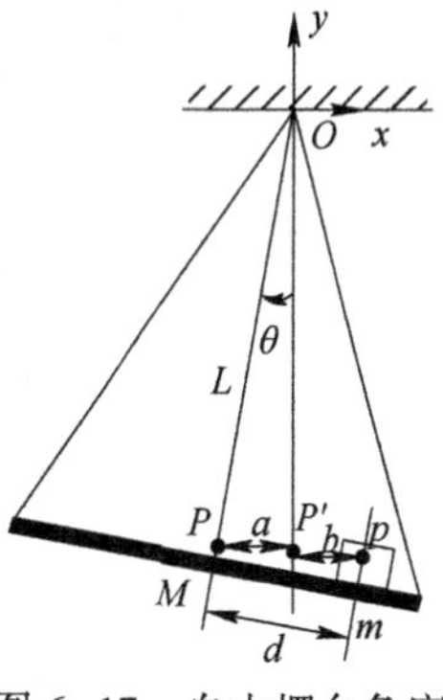

图 6-17　自由摆台角度调节原理图

如图 6-17 所示，摆台的质量为 M，摆长为 L，质心为 P，角度调节质量块的质量为 m，质心为 p。加入质量块 m 后，摆

台产生一个偏角 θ，点 P' 为摆台和质量块组成的新系统的质心，点 P 到 P' 的水平位移为 a，点 p 到 P' 的水平位移为 b，点 p 到摆台质心 P 的距离为 d。

根据力矩平衡的关系可得

$$Mg \cdot a - mg \cdot b = 0$$

在小角度的情况下，$d \approx a+b$，代入上式可得

$$a = \frac{m \cdot d}{M + m}$$

由此可得偏转角 θ 的表达式

$$\theta = \frac{a}{L} = \frac{m \cdot d}{(M + m)L}$$

所以，对于这样一个摆台，可以采用在摆台上放置质量块的方法来改变摆台的倾角，通过调节质量块在摆台上的位置来调节摆台倾角的大小，使得摆台趋于水平，摆台角度调节的分辨率可表示为

$$\Delta\theta = \frac{m}{(M + m)L} \cdot \Delta d = c \cdot \Delta d$$

其中，Δd 为角度调节质量块位置调节的分辨率，c 为摆台角度调节的灵敏度系数，它主要与摆台的质量、摆长及质量块的质量有关。

已知静电悬浮加速度计的量程为 10μg，对应的摆台倾角极限为 10μrad。为了满足加速度计对于角度调节的需求，这里选用索雷博公司的一款线性位移台，如图 6-18 所示，该位移台由谐振压电电机驱动，位移分辨率可以达到 100μm，复位精度可以达到 120μm，最大行程为 60mm，最大负载质量为 200g。根据加速度计摆台联合实验装置计算，摆台角度调节系数 $c=4.76\times10^{-3}$ rad/m，台面的角度调节范围可达到 50μrad，角度调节分辨率可以达到 84nrad。

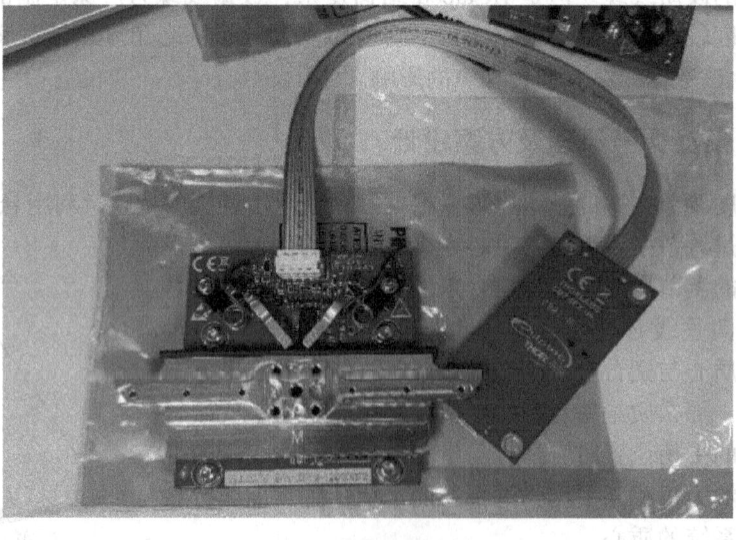

图 6-18　商用线性位移台

用微震仪验证该倾斜角度的标定方法，测试结果如图 6-19 所示。

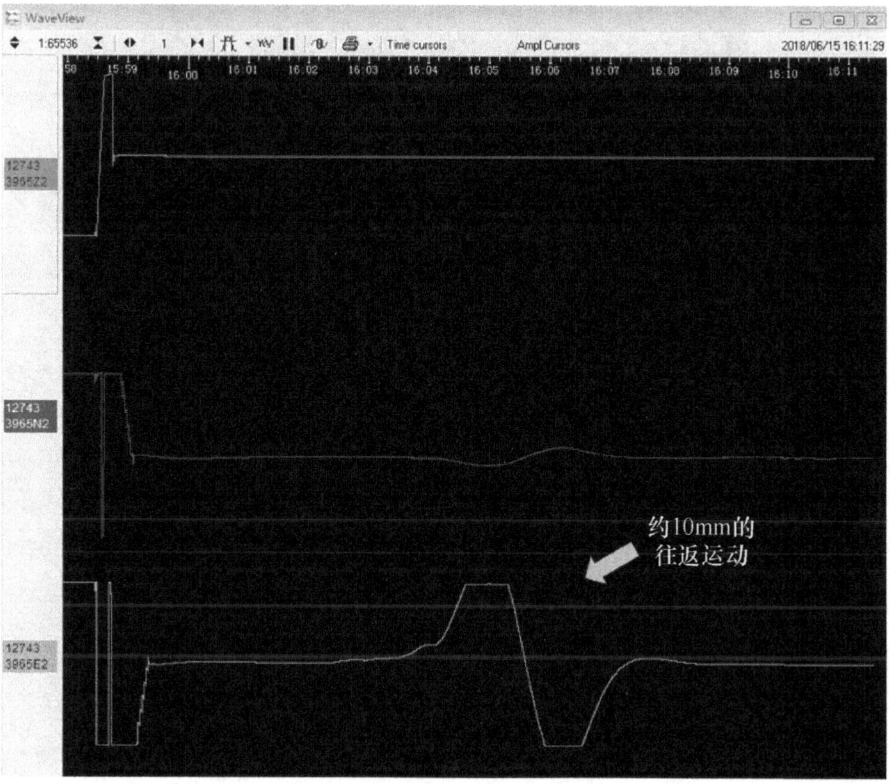

图 6-19　微震仪测试摆台倾斜信号

6.2.2　摆台角度调节系数标定

为了对角度调节系数 c 进行标定，采用一个自己研制的量程较大的三轴的挠性加速度计来测量摆台台面的角度变化。该挠性加速度计的加速度测量分辨率为 ng 水平，换算成角度，它可以测量摆台 $n$rad 的角度变化，满足对摆台角度测量的要求。这里选用一个较小尺寸的摆台，簧片仍沿用大摆台的一体式簧片，其结构如图 6-20 所示。

摆台的角度调节主要利用对摆台质量分布的调节来实现的，所以对于摆台上各仪器部件的质量要进行测量，表 6-4 给出了摆台上各个仪器部件质量的测量值。摆台的等效摆长为 900mm，总质量为 35.02kg，角度调节质量块（位移台负载）的质量为 0.14kg，理论计算摆台的角度调节系数 c 为 4.42×10^{-3}rad/m。

表 6-4　摆台上各个仪器部件的质量

参　数	数值/kg	参　数	数值/kg
摆台质量	14.41	加表质量	1.09
微震仪质量	14.98	配平块质量	0.84
位移台质量	0.10	水准泡质量	0.06
位移台负载质量	0.14	摆台总质量	35.02

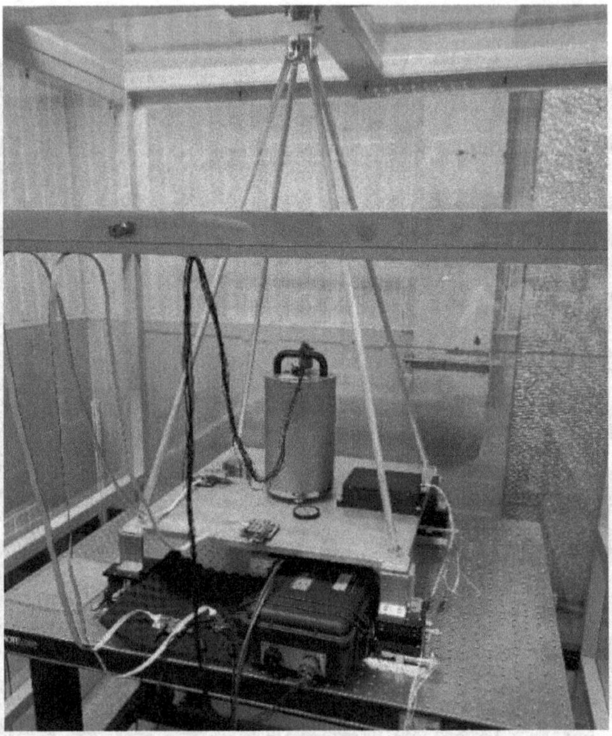

图 6-20　角度调节系数标定摆台

挠性加速度计的 a 路传感的灵敏度系数为-0.01453(0.00047)（m/s^2）/V，对应摆台的东西方向；c 路传感的灵敏度系数为 0.01389(0.00002)（m/s^2）/V，对应摆台的南北方向。标定过程：位移台驱动负载质量块每移动 10mm 停留 10min，满行程 60mm，移动一个来回共 13 段，用挠性加速度计记录下质量块在各个位移点时摆台上的加速度变化，质量块沿东西方向移动和沿南北方向移动时的挠性加速度计记录的数据时域曲线分别如图 6-21、图 6-22 所示。从图中可以明显看出，每当质量块在摆台东西或南北方向移动 10mm，挠性加速度计测得对应方向上的电压都会发生明显变化，且另一个水平方向的电压保持稳定。

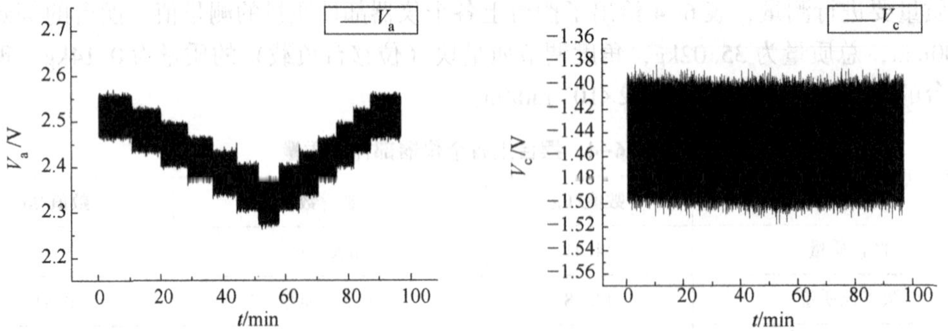

(a) a路电压时域曲线　　(b) c路电压时域曲线

图 6-21　质量块东西方向移动时摆台的加速度变化

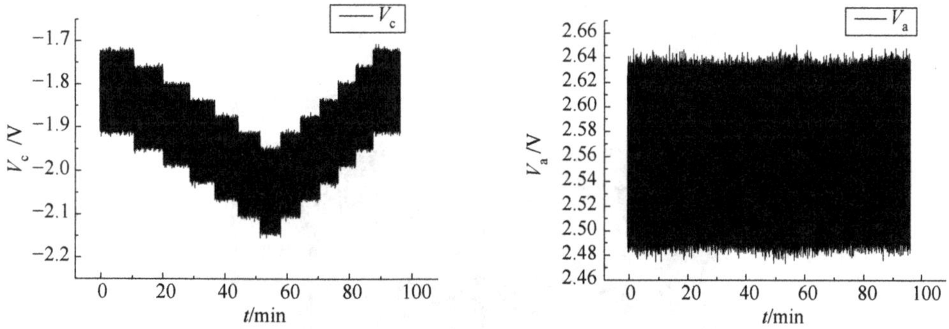

(a) c路电压时域曲线　　(b) a路电压时域曲线

图 6-22　质量块南北方向移动时摆台的加速度变化

根据摆台东西方向和南北方向的加速度变化，对摆台东西方向和南北方向的角度调节系数 c 进行线性拟合，如图 6-23 所示，摆台东西方向的角度调节系数为 4.64×10^{-3} rad/m，南北方向的角度调节系数为 5.43×10^{-3} rad/m，对比理论值还存在一定的差异，这可能是由于位移台负载质量块的移动方向跟摆台的水平正交两方向不是完全一致导致的，但是其数值和理论值在同一量级，验证了摆台角度调节方案的可行性。

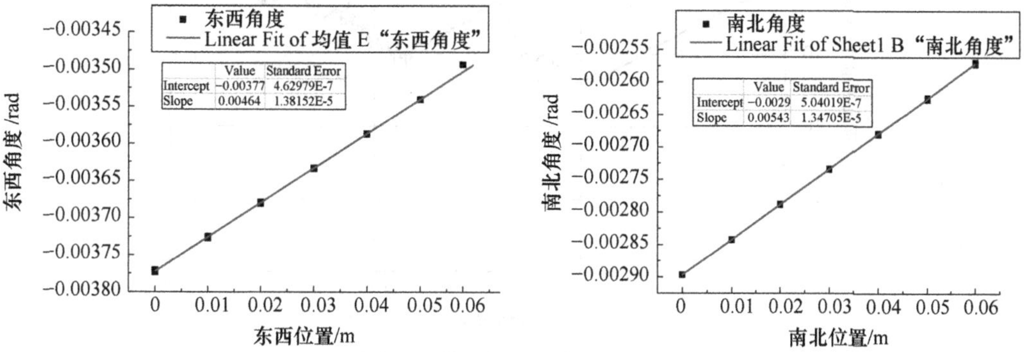

(a) 东西向拟合曲线　　(b) 南北向拟合曲线

图 6-23　摆台角度调节系数拟合结果

6.3　摆台的搭建与噪声测试

根据前面的分析，最终确定了加速度计测试摆台的方案：采用一体式簧片悬挂方案，依靠摆台自身阻尼以达到预期的隔振效果。摆台搭建实物图如图 6-24 所示。整个摆台悬挂在一个长 1.7m、宽 1.4m、高 2m 的钢结构框架内，整个框架由亚克力板密封，内部放置两个仪器置物架，与摆台相互独立，用来放置辅助测量仪器。这里摆台加速度噪声测试仍然沿用之前用到的微震仪进行测量。

摆台稳定后，实测摆台加速度噪声结果如图 6-25 所示。

图 6-24 加速度计测试摆台噪声

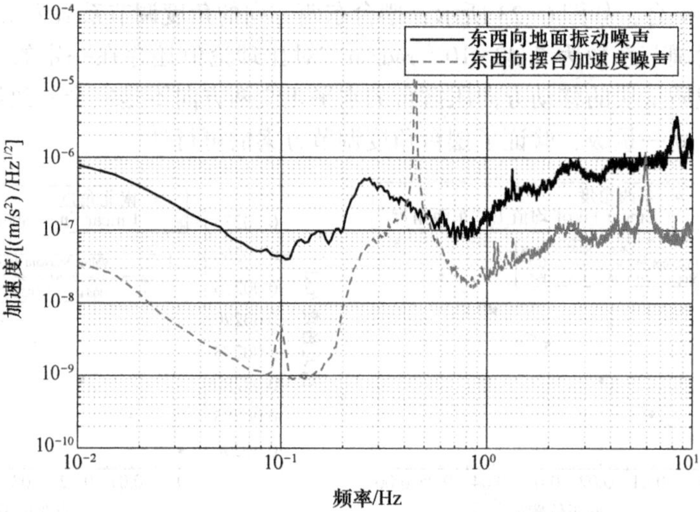

(a) 东西向加速度计噪声功率谱

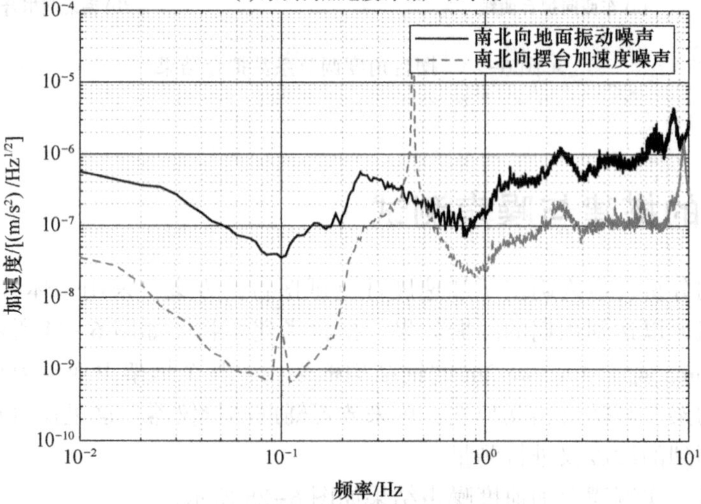

(b) 南北向加速度计噪声功率谱

图 6-25 摆台加速度噪声实测曲线

6.4　本章小结

本章针对高压悬浮静电加速度计摆台联试的实验需求，设计并搭建了三种大负载隔振摆台方案，分别是一体式簧片悬挂摆台、带阻尼一体式簧片悬挂摆台和分体式簧片悬挂摆台，并分别对三种结构摆台进行了机械热噪声测试和摆台噪声测试。实验结果表明，一体式簧片悬挂摆台具有最低的低频加速度噪声，但是需要较长时间摆台才能达到稳定状态。带阻尼一体式簧片悬挂摆台在一体式簧片悬挂摆台的基础上，在摆台底部添加了阻尼装置，极大地减少了摆台的稳定时间，但是低频加速度噪声略微变差。分体式簧片悬挂摆台采用 4 块结构，可以有效地抑制摆台扭转运动，在低频段摆台的加速度噪声略差于一体式簧片结构摆台的加速度噪声，除此之外，分体式簧片结构还存在结构不可靠的问题，簧片极容易被损坏。对比他们各自的结构特点及摆台上的加速度噪声水平，最终选用了在低频段具有最佳的加速度噪声水平的一体式簧片悬挂摆台方案。

此外，为了满足静电悬浮加速度计对测试摆台台面安装角度的严格要求，结合摆台自身的特点，基于质心调节的原理提出了一种摆台台面角度的调节方案，通过调节摆台上的质量分布来调节摆台系统重心的位置，从而实现对摆台台面倾斜角度的调节。为验证调节方案的有效性，利用大量程的挠性加速度计对摆台角度调节方案进行了验证，摆台重心的调节则通过位移台移动质量块的方式来实现，通过记录加速度计的实时数据拟合出摆台的角度调节系数，通过与理论值的对比，可以判断误差在有效范围之内，确保摆台角度调节方案的有效实施。

最后，搭建了一套尺寸为 1.7m×1.4m×2m 的摆台悬挂框架，并对框架进行了密封以减少空气扰动的影响。隔振摆台悬挂于密封框架内部构成静电悬浮加速度计地面测试摆台，借助于微震仪测试了摆台加速度噪声，在东西方向和南北方向摆台噪声未呈现出明显差异，且在 0.1Hz 附近达到了 $1\times10^{-9}(m/s^2)/Hz^{1/2}$。

参考文献

[1] 李归．基于高压悬浮方案的静电加速度计地面研究［D］．武汉：华中科技大学，2014.

[2] 陈光锋，唐富荣，薛大同．静电悬浮加速度计气体阻尼及其对控制系统特性影响分析［J］．真空与低温，2005(04)：216-221.

[3] 秦鸣雷，肖一凡，杨海亮等．大角度下阻尼对单摆摆动周期的影响［J］．物理实验，2012，32(05)：42-45.

[4] 贾翠红，薛大同．空间用石英挠性加速度计摆片断裂特性研究［J］．中国空间科学技术，2000(01)：55-59.

[5] 薛大同．静电悬浮加速度计的地面重力倾角标定方法［J］．宇航学报，2011，32(003)：688-696.

第7章 静电悬浮加速度计与测试摆台的联合实验验证

本书到这里已介绍了基于倾斜补偿原理的地面测试隔振摆台的隔振原理和隔振性能分析，设计了摆台的结构，针对摆台的加速度噪声进行了初步测试，并分析了环境温度、空气扰动和连接线缆对摆台隔振性能的影响，初步验证了隔振摆台应用于静电悬浮加速度计地面测试的可行性[1-3]。本章将介绍针对静电悬浮加速度计地面测试而设计搭建的隔振测试摆台，以及加速度计摆台的联合测试结果，针对加速度计地面测试中仍然存在的问题给出初步的分析结论。

7.1 静电悬浮加速度计测试摆台联合实验

7.1.1 加速度计与摆台联合实验初步结果

实现了摆台台面角度可调的功能后，高压悬浮加速度计便可以直接安装在台面上，通过调节台面的倾角使得加速度计工作在量程范围内。避免使用 hexapod 调节角度，同时去除了其数据线缆对摆台噪声的影响。在进行静电加速度计高压悬浮地面测试摆台联合实验之前，先对加速度计测试摆台的各部分组件进行质量测量，表 7-1 给出了摆台和加速度计各个仪器部件质量的测量值，估算加速度计检验质量相对于摆台系统质心的位置，调整摆台系统的质量分布，使检验质量靠近摆台的撞击中心。此外，根据角度调节系数计算公式计算出摆台角度调节系数为 9.18×10^{-4}rad/m(±0.15)，台面的角度调节分辨率优于亚微弧度水平，角度调节范围达到了 54μrad，约为静电加速度计最大量程的 5 倍，满足加速度计对台面角度的调节需求。为了在摆台倾角较大时能够快速地调节摆台倾角，同时使用质量较大的调平质量块，通过直接放置的方式对摆台台面角度进行较大范围的调节。

表 7-1 摆台及加速度计各部件质量

名 称	数 值	名 称	数 值
簧片到台面的距离	(1135±1) mm	微震仪质量	(8.370±0.005) kg
加速度计探头盒质量	(7.105±0.005) kg	位移台质量	(0.085±0.005) kg
加速度计高压电路盒质量	(6.110±0.005) kg	位移台负载质量	(0.150±0.005) kg
加速度计水平电路盒质量	(4.420±0.005) kg	摆台质量	(116.825±0.005) kg
加速度计连接线缆质量	(0.615±0.005) kg	摆台总质量	(143.915±0.05) kg

摆台角度调节装置主要包括用于粗调的配平质量块、用于微调的电控位移台及其数据

线缆。为了对比加速度计测得的摆台加速度噪声，还在摆台上放置了一台微震仪，同时测量摆台加速度噪声。整套系统需与外界连接的线缆，包括加速度计数据通信线缆、电源供电线缆、位移台的数据线缆，以及微震仪的数据线缆。实验中所有线缆从摆台框架顶部引出，再与框架外部的笔记本和电源相连，实际装配图如图 7-1 所示。

图 7-1　加速度计与摆台联试装置图

随后进行加速度计与摆台的联调实验。实验开始时，先给加速度计水平电路和高压电路供电，保证加速度计中检验质量处于悬浮状态，通过观察加速度计数据采集软件中传感电压的大小确定摆台的倾斜方向，然后在摆台相应位置放置各种不同质量的配平质量块以减小摆台台面的倾斜。当加速度计传感电压处在 0V 上下波动时，再通过调节电控位移台对摆台台面角度进行细微调节，使得检验质量达到捕获状态，加速度计六自由度正常工作。然后开启微震仪，使其与加速度计同时测量摆台噪声。在进行加速度计与摆台联试实验前，先在地面对加速度计进行测试，用于对比摆台的隔振效果。对比结果如图 7-2 所示。

图 7-2(a) 为摆台东西方向的加速度噪声曲线，对应着加速度计的 Y 方向，图中实线为微震仪测得的摆台框架振动噪声曲线；虚线和点画线分别为加速度计和微震仪在摆台上测得的加速度噪声曲线。在摆台共振频率 0.45Hz 以上的高频段，加速度计在摆台上测得的加速度噪声水平明显低于其在地面测得的加速度噪声水平，在 4.5Hz 处达到了 1.6×10^{-8} $(\mathrm{m/s^2})/\mathrm{Hz}^{1/2}$，根据先前对加速度计二阶非线性系数的测量值估算，该噪声水平满足了本底噪声水平为 $1\times10^{-10}(\mathrm{m/s^2})/\mathrm{Hz}^{1/2}$ 的静电加速度计对摆台高频振动噪声的需求。经过对摆台质心及撞击中心的估算，静电加速度计的检验质量比微震仪的传感探头更靠近摆台的撞击中心，因此微震仪在高频段测得的加速度噪声差于加速度计测得的加速度噪声。在摆台共振频率以下的低频段，加速度计测得的摆台加速度噪声和微震仪测得的摆台加速度噪声比较一致，在 0.17Hz 处加速度噪声达到了 $3\times10^{-8}(\mathrm{m/s^2})/\mathrm{Hz}^{1/2}$ 水平，低于地面测试的噪声水平约一个量级。对比之前微震仪单独测试时摆台的加速度噪声，仍存在一个量级的差距，而且在 0.1Hz 以下的低频区域，加速度计和微震仪测得的加速度噪声明显高于加速度计地面测试时的加速度噪声，这说明加速度计上电工作后引入了额外的低频噪声，影响

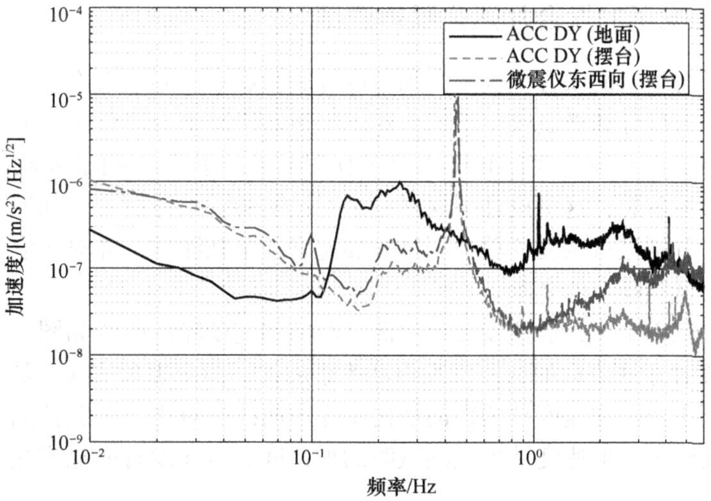

(a) Y方向加速度计噪声功率谱

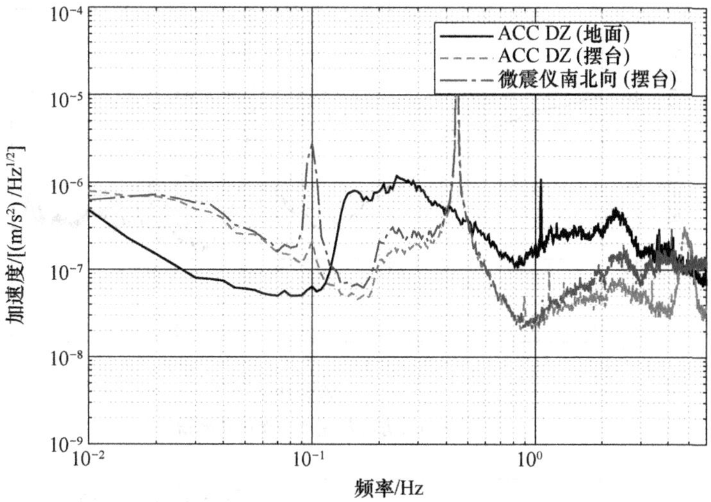

(b) Z方向加速度计噪声功率谱

图 7-2　静电悬浮加速度噪声测试对比

了摆台的低频隔振表现。

图 7-2(b) 为摆台南北方向的加速度噪声曲线，对应着加速度计的 Z 方向，图中实线为微震仪测得的摆台框架振动噪声曲线；虚线和点画线分别为加速度计和微震仪在摆台上测得的加速度噪声曲线。摆台南北方向上微震仪和加速度计测得的加速度噪声曲线与东西方向噪声曲线表现基本一致。但是南北方向微震仪测得的加速度噪声曲线在 0.1Hz 处的扭转运动共振峰峰值明显高于东西方向的扭转运动共振峰峰值，原因是微震仪中用于测量东西方向和南北方向的传感探头不在一个位置，且南北方向的传感探头离摆台扭转轴更远，因此，南北方向摆台扭转耦合效应较为明显，扭转共振峰也较为突出。此外，在 0.17Hz 处加速度计测得的加速度噪声约为 $5\times10^{-8}(\mathrm{m/s^2})/\mathrm{Hz}^{1/2}$，稍差于东西方向。

7.1.2 不同工况下的摆台加速度噪声测试

在加速度计与摆台的联合实验中，加速度计和微震仪一同放置在摆台上，当它们同时上电工作时，加速度计和微震仪测得的加速度噪声水平差于微震仪单独测试时的加速度噪声水平，这说明摆台上加速度计和微震仪工作时相互干扰，影响了彼此的加速度噪声测试。为了验证这一猜想，这里设计了这样一组对比实验：保持摆台上加速度计和微震仪的位置状态不变，分别进行微震仪单独测试和加速度计单独测试，并对比它们测得的加速度噪声，分析摆台低频噪声的来源。

摆台上微震仪不工作，加速度计单独测试时的加速度噪声曲线如图 7-3 所示。图 7-3（a）表示加速度计东西方向的加速度噪声功率谱曲线，图中黑色实线和红色虚线分别表示微震仪工作和不工作时加速度计测得的加速度噪声曲线。对比与微震仪同时工作时加速度计测得的加速度噪声，加速度计单独测试时的加速度噪声并没有明显变化，低频加速度噪

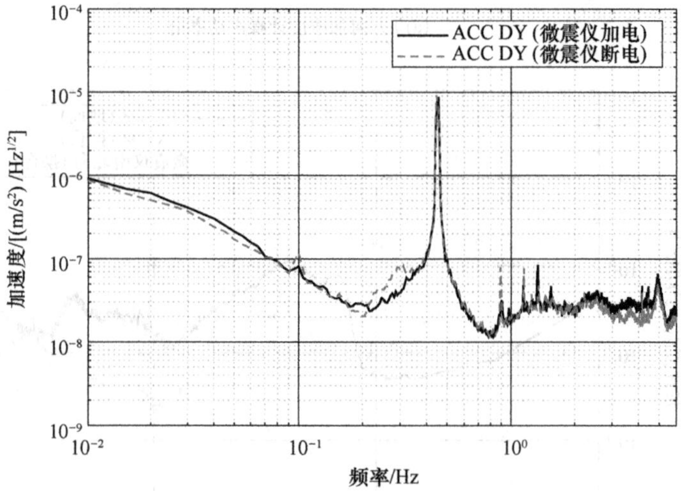

(a) *Y*方向加速度计噪声功率谱

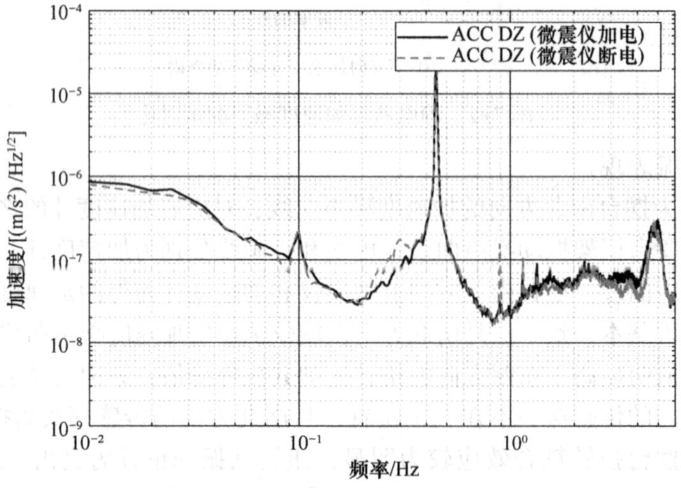

(b) *Z*方向加速度计噪声功率谱

图 7-3 微震仪加断电状态下加速度计摆台的噪声测试结果

声依然处于较差的水平，在 0.2Hz 处约为 $3\times10^{-8}(m/s^2)/Hz^{1/2}$。图 7-3(b) 为加速度计南北方向的加速度噪声功率谱曲线，测试结果与东西方向表现一致。这说明微震仪工作并不是使摆台上加速度计低频噪声变糟糕的原因。

为了验证摆台上加速度计测得的低频额外噪声是否与加速度计加电工作有关，又进行了加速度计加电和断电状态微震仪同步测试的摆台上加速度噪声，测试结果如图 7-4 所示。图 7-4(a) 表示微震仪东西方向实测噪声曲线，其中黑色实线表示在加速度计加电的状态下，微震仪测得的摆台上加速度噪声功率谱曲线；蓝色虚线表示在加速度计断电的状态下，微震仪测得的摆台上加速度噪声功率谱曲线。对比两种状态下微震仪测得的摆台加速度噪声可以发现，在 0.2Hz 以下的低频段，加速度计断电后摆台加速度噪声明显降低了一个数量级，在 0.1Hz 附近达到约 $1\times10^{-9}(m/s^2)/Hz^{1/2}$ 水平，摆台加速度噪声明显改善。

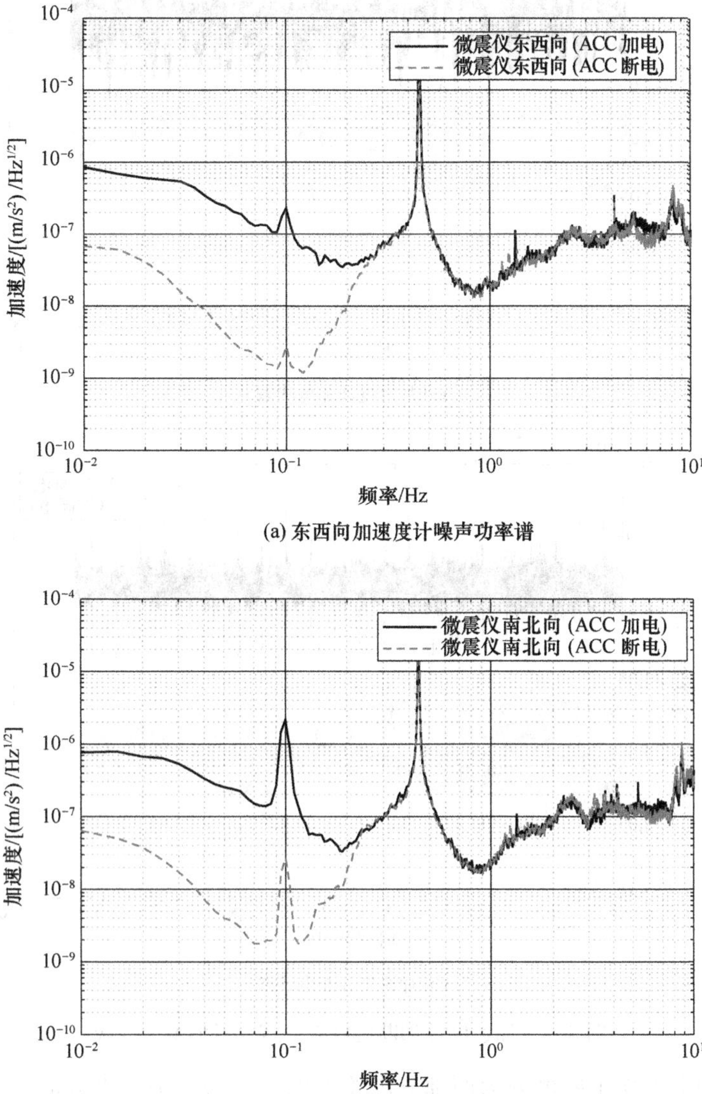

(a) 东西向加速度计噪声功率谱

(b) 南北向加速度计噪声功率谱

图 7-4　加速度计加断电状态微震仪摆台噪声测试结果

图 7-4(b) 表示微震仪南北方向实测噪声曲线，同样在加速度计断电情况下，摆台加速度噪声明显改善。

这里还对比了在加速度计加断电状态微震仪的时域噪声测试曲线，如图 7-5 所示。图 7-5(a) 和图 7-5(b) 分别表示在加速度计加电和断电状态下微震仪实测的摆台速度曲线，对比两种状态可以发现，在加速度计加电状态下，摆台速度曲线明显波动大，因此，也验证了该状态下摆台加速度功率谱噪声更糟糕的情况。

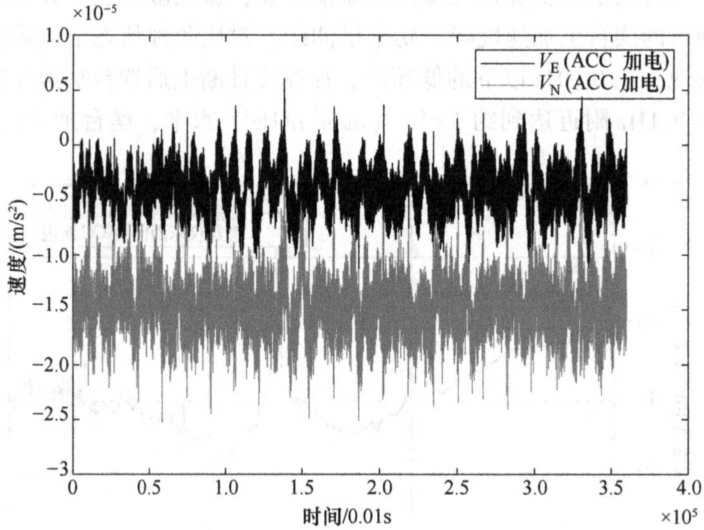

(a) 加速度计加电状态

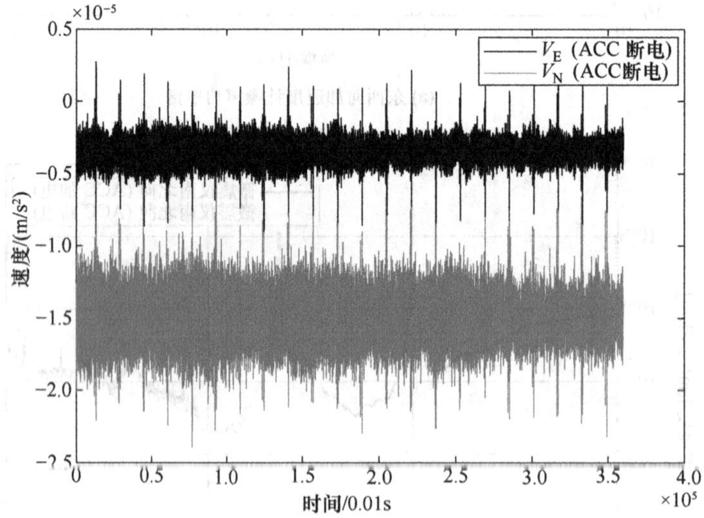

(b) 加速度计断电状态

图 7-5　加速度计加断电状态微震仪时域输出曲线

加速度计加电工作主要可分为两部分电路上电：一部分是竖直方向高压电路，另一部分是水平方向电路。为了找到摆台上低频额外噪声是由加速度计哪部分电路工作时引入的，用微震仪分别测试了在加速度计水平电路加电、竖直方向高压电路加电和全部电路断电时的摆台加速度噪声，结果如图 7-6 所示。

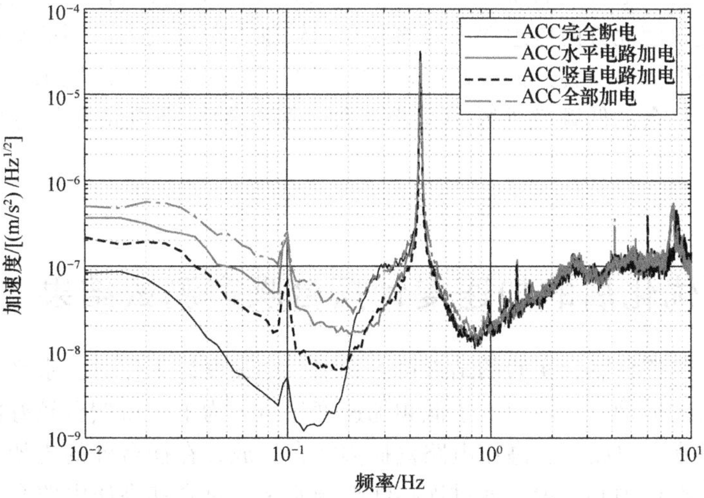

(a) 东西向加速度计噪声功率谱

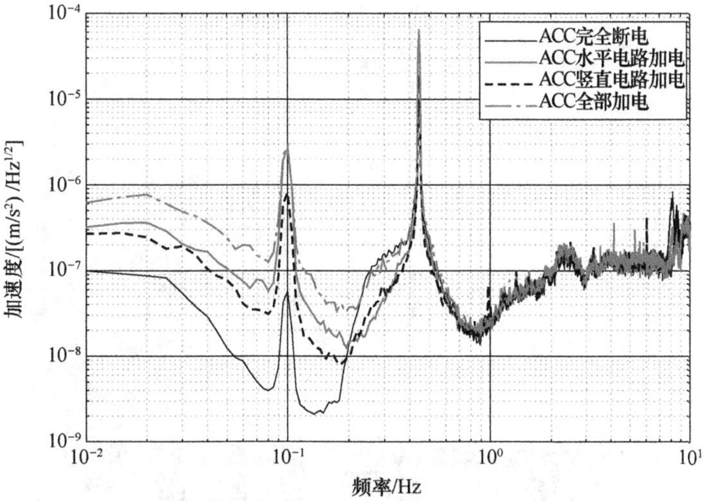

(b) 南北向加速度计噪声功率谱

图 7-6　加速度计各部分电路工作时摆台加速度噪声

图 7-6(a) 为加速度计各部分电路分别加电时微震仪东西方向测得的摆台加速度噪声曲线，图中的黑色细实线、虚线、粗实线和点画线分别表示加速度计电路全部断电、竖直高压电路加电、水平电路加电和所有电路加电时微震仪测得的摆台加速度噪声曲线。从摆台东西方向加速度噪声对比结果可以明显看出，加速度计水平电路和竖直高压电路加电时对摆台低频加速度噪声有着不同程度的贡献，水平电路对摆台低频噪声的贡献在 0.15Hz 处约为 $2\times10^{-8}(m/s^2)/Hz$；竖直高压电路对摆台低频噪声的贡献在 0.15Hz 处约为 $6\times10^{-9}(m/s^2)/Hz$。当加速度计水平电路和竖直高压电路全部断电时，微震仪测得的摆台加速度噪声相比于加速度计加电时测得的摆台加速度噪声明显下降，在 0.15Hz 处可以达到 $1.5\times10^{-9}(m/s^2)/Hz$ 水平，与先前微震仪单独测试时的摆台加速度噪声水平一致，可见加速度

计的水平电路和竖直高压电路是摆台低频额外噪声的主要来源。

图 7-6(b) 为加速度计各部分电路分别加电时微震仪南北方向测得的摆台加速度噪声曲线。由于微震仪南北方向传感探头偏移摆台扭转轴的距离较大，因此其测得的摆台南北方向加速度噪声曲线中扭转共振峰峰值较高，因而低频加速度噪声比东西方向稍差，但是依然可以看出，摆台的低频额外噪声是由于加速度计的水平电路和竖直高压电路工作引入的。

7.2 局域优化后的加速度计摆台噪声测试结果

由加速度计与摆台联合实验的结果可以看出，加速度计工作时，水平电路和竖直高压电路影响了摆台的运动，从而引入了低频加速度噪声。为了获得摆台较好的隔振效果，这里把加速度计的水平电路盒和高压电路盒撤离摆台，放置在摆台外的支架上，加速度计探头盒依然放置在摆台中心位置，通过连接线缆与水平电路盒和高压电路盒，这样避免了加速度计的水平电路盒和竖直高压电路盒与摆台直接接触，实验装置如图 7-7 所示。

图 7-7　加速度计电路盒放置在摆台外实验装置图

相同的实验流程用加速度计和微震仪同时测试了摆台的加速度噪声，并与加速度计电路盒放置在摆台上测得的加速度噪声进行对比，对比结果如图 7-8 所示。

图 7-8(a) 为加速度计电路盒放置在摆台外时加速度计东西方向噪声曲线，图中虚线和点画线分别表示加速度计电路盒放置在摆台上时和放置在摆台外时加速度噪声测试曲线；实线为加速度计在地面测试的噪声曲线。从图中可以看出，在把加速度计的水平电路盒和高压电路盒拿离摆台后，加速度计测得的摆台加速度噪声明显降低，在 0.2Hz 附近加速度计 Y 方向的加速度噪声最低达到了 $3\times10^{-9}(\mathrm{m/s^2})/\mathrm{Hz}$，相比于加速度计在地面测得的最好水平降低了一个数量级，加速度计噪声测试水平已经接近摆台的最低噪声水平。在摆

台本征频率及以上频段，加速度计测得的 Y 方向加速度噪声低于加速度计在地面测得的加速度噪声，降低了一个量级，在 1Hz 处达到了 $2\times10^{-8}(\mathrm{m/s^2})/\mathrm{Hz}$。

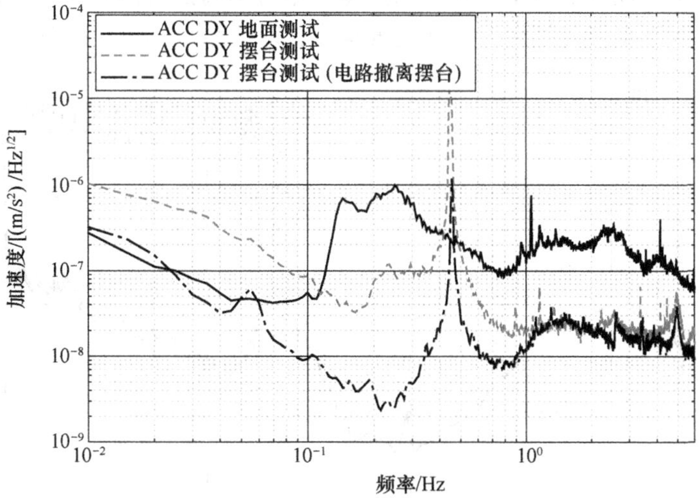

(a) Y方向加速度计噪声功率谱

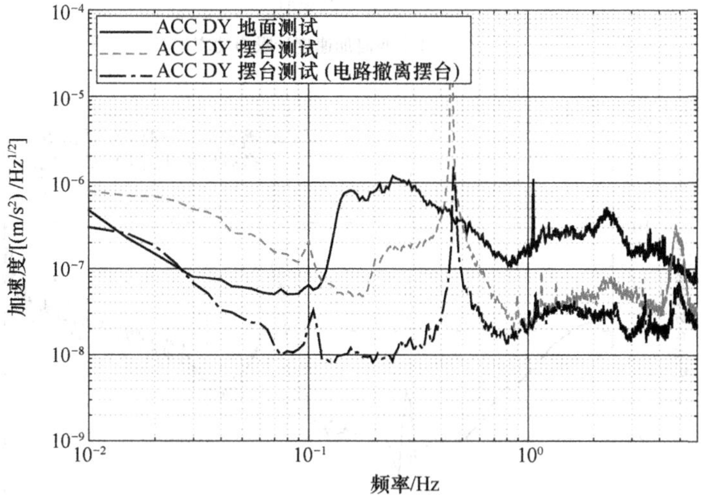

(a) Z方向加速度计噪声功率谱

图 7-8　加速度计电路盒放置在摆台外加速度噪声曲线

图 7-8(b) 为加速度计电路盒放置在摆台外时加速度计南北方向噪声曲线。在摆台上加速度计 Z 方向测得的加速度噪声在 0.2Hz 附近达到了 $9\times10^{-9}(\mathrm{m/s^2})/\mathrm{Hz}$，相比于地面测试水平也明显降低，但是稍差于 Y 方向的加速度噪声测试水平。通过分析摆台上加速度计 Y 方向和 Z 方向上的差异，结合影响摆台低频隔振表现的因素，总结出加速度计水平两方向加速度噪声测试差异的主要原因有以下两点：一是由于加速度计水平电路盒和高压电路盒与探头盒的连接线缆引入的刚度对摆台水平两方向的摆动刚度贡献不同，在南北方向贡献的摆动刚度大于东西方向，导致摆台南北方向的加速度噪声水平差于摆台东西方向。二是由于加速度计 Z 方向的电容位移传感模块是由两块电容极板组成的，该方向较容易受摆台扭转运动的影响，扭转耦合噪声大于东西方向。

由于测得的加速度噪声水平与摆台上的最低加速度噪声水平还存在一些差距，尤其是加速度计的 Z 方向噪声水平差距较大，为了进一步验证加速度计的电路盒工作时对摆台噪声的影响，在将加速度计的水平电路盒和高压电路盒拿离摆台的状态下，用微震仪测试了在加速度计加电和断电情况摆台上的加速度噪声，对比结果如图 7-9 所示。

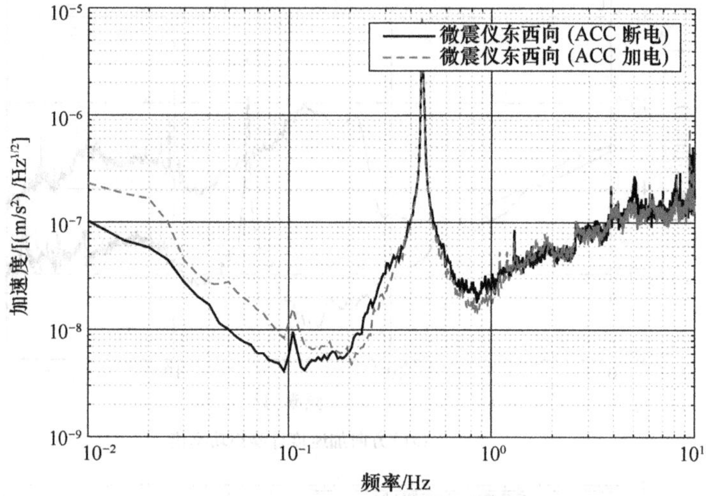

(a) 东西向加速度计噪声功率谱

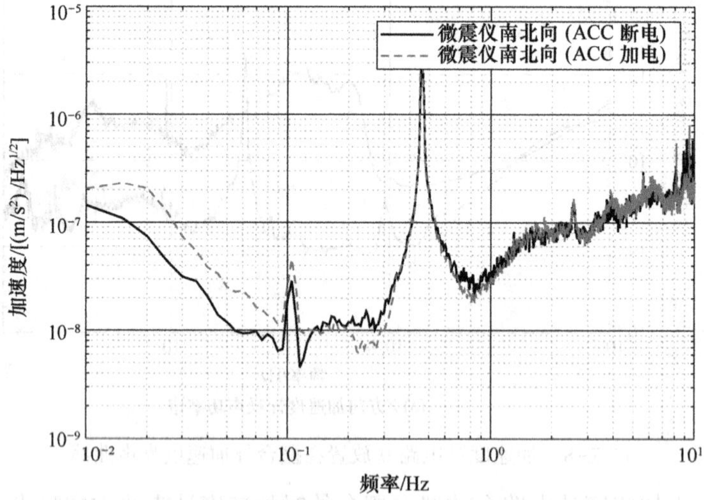

(b) 南北向加速度计噪声功率谱

图7-9 加速度计电路盒放置在摆台外时摆台加速度噪声曲线

图 7-9(a) 为加速度计电路盒放置在摆台外时微震仪测得的摆台东西方向加速度噪声曲线，图中蓝色虚线和黑色实线分别表示加速度计加电和断电时微震仪测得的摆台东西方向加速度噪声。从图中可以看出，在加速度计加电时，微震仪测得的摆台低频加速度噪声相比于加速度计断电时测得的摆台低频加速度噪声约有 2 倍的放大，这说明尽管加速度计的水平电路盒和高压电路盒放置于摆台外的支架上，加速度计工作时水平电路盒和高压电路盒仍然会在一定程度上影响摆台的低频加速度噪声。

图 7-9(b) 为加速度计电路盒放置在摆台外时微震仪测得的摆台南北方向加速度噪声曲线，该结果与摆台东西方向噪声表现一致。

通过分析加速度计电路盒中电子元器件通电时对摆台可能产生的影响，可能是传感变压器通电时产生了磁场，影响了摆台的运动状态，因此对摆台环境磁场的研究会是下一步提高静电加速度计高压悬浮地面测试水平的重要内容。

7.3　本章小结

在前面搭建的静电悬浮加速度计地面测试摆台上，我们开展了加速度计摆台联试实验。通过摆台角度调节方案，实现了加速度计在测试摆台上的正常悬浮测试，加速度计摆台加速度噪声测试在 0.1~0.2Hz 范围内低于地面噪声水平两个量级，在 0.23Hz 处达到了 $3\times10^{-9}(m/s^2)/Hz^{1/2}$ 水平，相比于加速度计地面测试水平，提高了两个半量级，接近静电悬浮加速度计高压耦合噪声水平。

实验结果表明，静电悬浮加速度计测试水平还未达到摆台单独测试时微震仪测得的加速度噪声水平，初步分析，原因在于摆台上的加速度计敏感探头机械部分与摆台外的水平电路盒和高压电路盒的数据线缆一定程度上限制了摆台的自由摆动，从而影响了摆台的隔振效果。此外，摆台负载设备的电磁效应也有可能对摆台的运动产生一定程度的影响。

参考文献

[1] 陈光锋，霍红庆，王佐磊，等．静电悬浮加速度计地面高压悬浮原理与应用［J］．中国空间科学技术，2015，35(5)：56-63.

[2] 薛大同．静电悬浮加速度计噪声测试数据的频谱分析方法［J］．空间科学学报，2008(01)：55-63.

[3] 白彦峥，周泽兵．高精度静电悬浮加速度计的地面测试方法研究［C］//中国惯性技术学会．微机电惯性技术的发展现状与趋势——惯性技术发展动态发展方向研讨会文集．［出版者不详］，2011：5.

第8章 静电悬浮加速度计地面检测技术总结与展望

8.1 技术总结

静电悬浮加速度计作为一种新型的静电悬浮加速度计，具有精度高、六自由度同时测量的优势，广泛应用于各种空间实验项目[1-3]。高压悬浮方案是静电悬浮加速度计地面测试的一种重要手段，该方案可以同时对加速度计6个自由度进行检验，评估加速度计六自由度控制性能。在该方案中，地面振动噪声是限制该方案测试水平的最主要因素。本书以静电悬浮加速度计高压悬浮方案地面测试为研究背景，详细介绍了加速度计地面测试中的地面振动噪声隔离及其他环境噪声研究，现将取得的一些有价值的成果归纳如下。

（1）针对静电悬浮加速度计的工作原理展开详细的介绍，并论述了静电悬浮加速度计的主要噪声来源，分析了高压悬浮方案的测试原理及该方案中的高频振动耦合噪声和扭转运动耦合噪声。对加速度计非线性效应进行了理论建模，并设计了二次项标定实验，初步估算了非线性效应的大小，为环境噪声需求的制定给出了理论依据。

（2）介绍了基于平动—倾斜补偿原理的加速度计地面测试摆台，并对其进行了详细的系统建模，分析了影响摆台隔振性能的主要因素；结合撞击中心的效应，分析了待测加速度计在摆台上的位置对噪声测试的影响，同时分析了待测加速度计在摆台上的位置会影响摆台扭转运动到水平方向耦合的大小。根据加速度计地面测试指标的要求，对加速度计的安放位置提出了明确的要求。

（3）介绍了隔振摆台的机械结构及设计参数，并搭建了一套原理性测试摆台，分别对摆台的Q值、热噪声及不同工况下的摆台加速度噪声进行了测试，验证了摆台的隔振性能。提出了一种摆台上待测加速度计检验质量质心调节方案，设计并搭建了一套隔振摆台，验证了方案的可行性。通过调节待测加速度计在摆台上的垂向位置，提高了摆台本征频率以上频段的隔振能力；调节加速度计在摆台上的水平位置，极大地衰减了扭转共振峰，有效抑制了摆台的扭转运动耦合到水平方向上来。此外，还分析了实验环境温度、空气扰动、设备线缆等外界因素对摆台隔振性能的影响，设计实验，初步给出了各环境因素的影响大小。

（4）针对高压悬浮静电加速度计地面测试设备，设计了一套装载能力更强的大尺寸隔振测试摆台。根据悬挂摆台的特性，通过改变摆台系统的质心位置来调节摆台台面的倾角，来满足静电悬浮加速度计地面测试中对角度的调节需求。通过联试实验，静电悬浮加速度计的加速度噪声水平测到了 $3\times10^{-9}(\mathrm{m/s^2})/\mathrm{Hz}^{1/2}$ 的水平，较地面测试水平提高了两个半量级，这对静电加速度计高压悬浮地面测试方案具有重要意义，为下一代高精度静电悬浮加速度计的地面研究提供研究基础。

8.2 技术展望

静电加速度计高压悬浮地面测试方案作为继悬丝悬挂和自由落体之后的一种新型地面测试手段，丰富了加速度计地面测试手段的同时，它还具有其他两种地面测试方案所不具备的可以实现加速度计长时间六自由度同时测量的特点[4-5]。本书中介绍的基于平动—倾斜补偿原理的隔振测试摆台，可以将影响加速度计地面测试水平的主要噪声——地面振动噪声抑制到相对较低的水平，但是受研究水平和时间所限，仍然有许多工作需要进一步深入研究，本书作者认为今后的工作可从以下几个方面展开。

（1）隔振测试摆台本征峰抑制的研究。从静电悬浮加速度计摆台联试实验结果来看，本实验设计的摆台本征峰在 0.45Hz 处加速度峰值达到了 10^{-6} 水平，比地面振动加速度噪声高出了一个多量级，这严重影响了静电加速度计在该频率处的加速度噪声测试，然后通过增加阻尼以抑制摆台运动的方法，虽然可以一定程度上抑制摆台本征峰的大小，但是同样抑制了摆台的有效运动，减弱了摆台的隔振性能。因此，摆台本征峰抑制研究的开展对于静电加速度计本底噪声测试具有重要意义。

2）隔振测试摆台扭转运动抑制的研究。在摆台悬挂挠曲设计时，通过提高它的扭转刚度，利用挠曲的力学特性可以有效抑制摆台的扭转运动。同时，通过调节摆台上加速度计的位置，使其尽可能地处在摆台的质心垂线上来减小扭转运动耦合到水平方向上来。但是，从测试结果中发现，在静电加速度计水平方向加速度频谱曲线中仍然存在小幅的扭转峰。所以，抑制摆台的扭转运动将会是进一步降低扭转耦合的有效途径。

（3）隔振测试摆台阻尼系统的研究。通过给摆台添加阻尼系统，可以极大地减少摆台自身震荡的时间，使其快速稳定以满足静电加速度计的测试需求。同时，阻尼系统还能够有效地降低摆台共振峰的峰值。但是，阻尼系统的引入会升高共振峰附近的加速度噪声，影响静电加速度计地面测试水平。如何不影响摆台的加速度噪声水平将会是摆台阻尼系统研究的重点内容。

（4）静电加速度计高压悬浮方案中高压耦合噪声的抑制研究。本书中静电加速度计地面测试水平已经接近高压耦合噪声的水平，因此，要进一步提高静电加速度计高压悬浮方案地面测试水平，减小高压耦合噪声，优化加速度计高压悬浮控制电路将会是加速度计高压悬浮地面测试方案的一项重要研究内容。

（5）静电加速度计水平电路和竖直高压电路中器件的磁场效应的研究。在静电加速度计高压悬浮地面测试摆台联合实验中，实验中发现加速度计的电路通电会增大摆台的低频加速度噪声，尽管通过分离摆台和电路的方式降低了电路的影响，但是其影响并未完全消除。研究加速度计电路中器件的磁场效应并建立摆台磁屏蔽方案或是进一步提高静电加速度计高压悬浮地面测试分辨率水平的一项重要研究内容。

高精度静电悬浮加速度计地面检测技术中的隔振方案，除了本书中介绍的被动隔振方案之外，还有需要外部提供能量维持运行的主动隔振方案。被动隔振系统运行时不需要外部能源装置，相对于主动隔振系统而言，具有稳定性好和可靠性高的特点。但是，若想改变系统的本征频率，则需通过改变系统的机械结构设计或利用外部装置施加阻尼力来实现。主动隔振系统的低频隔振效果好，且可通过调节控制器参数来改变系统的本征频率。因此，主动隔振未来也不失为一种静电悬浮加速度计地面隔振方案。

参考文献

[1] 郑伟，许厚泽，钟敏，等．国际下一代卫星重力测量计划研究进展［J］．大地测量与地球动力学，2012，32(03)：152-159. DOI：10.14075/j.jgg.2012.03.013.

[2] 罗俊，艾凌皓，艾艳丽，等．“天琴计划”简介［J］．中山大学学报（自然科学版），2021，60(Z1)：1-19.

[3] Ruan W H，Guo Z K，Cai R G，et al. Taiji program：Gravitational-wave sources［J］. International Journal of Modern Physics A，2020：2050075.

[4] 谭定银，白彦峥，屈少波，等．空间静电加速度计研究与应用［J］．华中科技大学学报（自然科学版），2022，50(09)：96-103. DOI：10.13245/j.hust.220915.

[5] 李洪银，刘雁冲，王铖锐，等．天琴惯性传感器初步设计思考与进展［J］．中山大学学报（自然科学版），2021，60(Z1)：186-193. DOI：10.13471/j.cnki.acta.snus.2020.11.21.2020b144.

后　　记

静电悬浮加速度计作为一种高精度惯性传感器，拥有精度高，结构对称，体积小，能够实现6个自由度同时测量等优势，在空间科学与技术中有着广泛的应用，比如在可高效率地获得全球重力场信息的卫星重力测量计划中，其卫星上搭载的静电重力梯度仪就是由多对静电悬浮加速度计组合而成，通过测量卫星之间的距离变化来得到重力加速度即卫星跟踪卫星测量模式，或者在单个卫星上直接对重力梯度进行测量即卫星重力梯度测量模式，以此来获取地球重力场信息。此外，高精度惯性传感器也是空间引力波探测计划中的一项关键技术，用于测量航天器受到的外界扰动力，从而探测引力波信号，研究宇宙形成与演化。

早在二十世纪末期，欧美已经拥有成熟的静电悬浮加速度计研制经验，并开展了一系列空间科学应用实验，而我国起步较晚，从二十一世纪初才开始相关的研究。我在华中科技大学引力中心周泽兵老师的空间惯性传感器课题组攻读研究生，主要从事空间惯性传感器的研制以及地面实验研究。当初抱着对引力中心的好奇，决定来引力中心这边读研究生，一待就是六年。引力中心在三十多年的发展过程中形成了以“吃苦、创新、团队”为核心的引力精神，这里的科研氛围深深影响了我，让我明白了做成一件事是非常不容易的，尤其是攻坚一项科学技术研究时，更是如此。我在引力中心读研时，静电悬浮加速度计的研究已经初见成效，地面检测技术手段不断丰富，自主研究的加速度计已经成功在空间运行，在后面的几年里，我经历了多个项目的研究过程，逐渐地对这个研究领域有了一定的认识和见解。看着项目越做越大，技术越来越成熟，研究水平不断提高，我能深刻感受到我国在静电悬浮加速度计研究领域科研水平的不断提高，国内也有多家科研单位在进行着相关的研究，研究队伍不断壮大，不断填补着该领域的技术空白，国际交流合作也在不断增多，彰显了我国在该领域的影响力不断增大。

我总结了在过去近十年的研究工作，撰写了本书，阐述了静电悬浮加速度计的地面检测手段，介绍了目前国内的研究水平，总结了静电悬浮加速度计地面研究的特点以及未来的研究方向，希望能给该领域的研究工作者一点启发。

个人水平有限，书中难免有疏漏和错误之处，如果您在阅读过程中发现了错误或者有不同的意见和建议，请通过 sxpei@ zua. edu. cn 这个电子邮箱与我联系。谢谢！